국내외 디지털 헬스케어 산업분석보고서

저자 비피기술거래 비피제이기술거래

(주) 비티타임즈

1. 서론

1. 서론

[그림 2] 디지털 헬스케어

코로나19는 우리의 생활의 많은 부분을 변화시켰다. 그 중에서도 가장 많은 변화를 겪은 분야가 바로 헬스케어 분야라고 할 수 있다. 코로나19를 겪으며 빠르게 디지털화된 헬스케어 분야는 코로나19의 끝이 보이는 지금 새로운 국면을 맞이했다.

디지털 헬스케어는 과거에도 존재했지만, 코로나19로 인해 가장 대두된 산업이라고 할 수 있다. 디지털 헬스케어는 의료와 정보통신기술을 융합한 맞춤형 의료·건강관리 서비스로, 치료뿐만 아니라 미래 예측을 통한 질병예방까지, 환자 개개인의 고유한 특성에 적합한 맞춤의학(Personalized)을 제공하는 것을 궁극적 목표로 한다.

디지털 헬스케어 시장은 연평균 성장률 18.8%로 성장하여 2027년 5,090억 달러(약 610조원) 규모에 이를 것으로 전망된다. 이는 글로벌 제약시장의 평균 성장률 3%과 비교하면 6배가 넘는 큰 성장이다.

본 보고서에서 우리는 이렇듯 가파른 성장세를 보이는 디지털 헬스케어 시장의 정의부터 시장, 기술, 정책 동향을 살펴보고, 이를 바탕으로 향후 디지털 헬스케어 산업을 전망해보고자 한다.

---

1) 디지털 헬스케어의 고민 "사용률 어떻게 올리지?", 히트뉴스, 2022.02.17

2. 디지털 헬스케어 개요

2. 디지털 헬스케어 개요
가. 디지털 헬스케어 정의[2]

　디지털 헬스케어는 건강관련 서비스와 의료 IT가 융합된 종합 의료서비스이다. 국내외 각 기관별 디지털 헬스케어에 대한 정의는 세부적 차이가 존재하지만, 디지털 기술과 융합된 종합 의료서비스를 의미한다는 것은 공통적이다. 기존 의료시스템이 환자의 치료에만 초점을 맞춘 대응적·사후적 관리였다면, 디지털 헬스케어는 IT기술과의 융합을 통해 치료뿐만 아니라 미래 예측을 통한 질병예방까지, 환자 개개인의 고유한 특성에 적합한 맞춤의학(Personalized)을 제공하는 것을 궁극적 목표로 한다.

출처	정의
WHO (2020)	• 디지털 헬스케어는 건강분야에 ICT를 사용하는 eHealth 용어에 기원을 둠 • eHealth(mHealth 포함) 분야를 비롯한 빅데이터, 유전체학, 인공지능과 같은 첨단 컴퓨터 과학분야를 포함
미국FDA (2020)	• 디지털 헬스케어의 범위는 모바일 헬스케어, 건강 정보기술, 웨어러블 기기, 원격의료와 원격진료, 개인맞춤형 의료 • 디지털 헬스 기술은 헬스케어와 관련된 플랫폼, 소프트웨어, 센서 등에 사용되는 기술임
Wikipedia (2020)	• 헬스, 헬스케어, 생활, 사회 속에 디지털 기술이 융합된 형태로 의료전달체계의 효율성을 향상시키고 의료의 정밀화 및 개인맞춤형을 지향함 • 관련 기술은 하드웨어, 소프트웨어 솔루션, 서비스로 구성되며, 원격의료, 웨어러블 디바이스, 가상현실 등이 포함

[표 1] 디지털 헬스케어의 정의 (국외)

출처	정의
한국보건산업진흥원 (2018)	• 광의의 개념: ICT기술이 적용된 모든 헬스케어 분야 • 협의의 개념: 모바일 헬스케어, 원격의료, 인공지능 등이 포함되는 헬스케어 분야
과학기술정보통신부·한국과학기술기획평가원 (2020)	• 의료와 ICT융합을 디지털 헬스케어로 정의 • 디지털 헬스는 e헬스, u헬스, 모바일 헬스케어, 스마트 헬스케어 등을 모두 포괄하는 광의의 개념

[표 2] 디지털 헬스케어의 정의 (국내)

---

2) 디지털 헬스케어의 개화 원격의료의 현주소, PwC Korea, 2022.07

1) 디지털 헬스케어 서비스 모델[3)

 디지털헬스케어 서비스는 개인의 질병에 대한 예방, 개인 맞춤, 관리 중심의 의료서비스 형태로서 의료 기술과 ICT 기술이 융합된 기술을 활용하여 시간과 장소가 갖는 한계를 극복하고 언제 어디서나 개인의 건강 상태를 실시간으로 측정하여 환자 또는 사용자에게 최적화된 맞춤형 의료서비스를 통칭한다.

 디지털헬스케어 서비스는 디지털헬스케어 기기들이 디지털헬스케어 기기 또는 진료정보시스템 또는 IT 시스템 등과의 연계를 통해 제공되기 때문에 디지털헬스케어 기기의 역할이 매주 중요하다. 디지털헬스케어 기기는 개인의료정보 및 생체정보를 측정 및 수집하고, 의료기관 등에 전송 및 저장하여 의사가 진단가능하게 도와주는 진단 및 예방관리의 목적으로 사용할 수 있으며, 환자를 수술 및 치료하기 위한 목적으로 사용할 수 있다. 또한, 환자의 생명유지를 위한 목적이나 사용자의 건강 관리를 위한 목적으로 사용할 수도 있다. 디지털헬스케어 기기의 역할에 따라 수술 및 치료, 감시, 분석, 진단, 건강관리 등으로 분류할 수 있으며, 다음과 같이 기기 역할에 따라 사용자 및 사용 장소 등을 구분할 수 있다.

구분	수술·치료	감시·측정	분석	진단	건강관리
대상	• 환자	• 환자	• 환자 • 일반인	• 환자 • 일반인	• 일반인
조작	• 의사	• 의사 등 의료인	• 의사 등 의료인	• 의사	• 일반인
관련 기기	• 로봇수술기 • 레이저수술기 • 치료용X선조사장치 • 고출력심장충격기 등	• 환자감시장치 • 인공호흡기 등	• 의료영상진단보조장치 • 의료영상검출보조장치 • 혈구세척원심분리기 등	• 자기공명전산화단층촬영장치 • X선 촬영장치 • 초음파영상진단장치 • 진단지원시스템 등	• 자동혈압계 • 전자체온계 등
사용 장소	• 병원	• 병원 • 이동형 진료소	• 병원 • 서비스 제공자	• 병원 • 이동형 진료소	• 가정(홈)

[그림 4] 디지털헬스케어 기기의 역할에 따른 분류

 다양한 목적의 디지털헬스케어 기기 및 의료정보시스템 등을 기반으로 디지털헬스케어 서비스를 제공하기 위한 구성요소를 홈, 이동형 진료소, 병원, 서비스 제공자와 같이 구성할 수 있다.

---

3) 디지털 헬스케어 보안모델 PART I : 의료기기, 한국인터넷진흥원, 2020.12

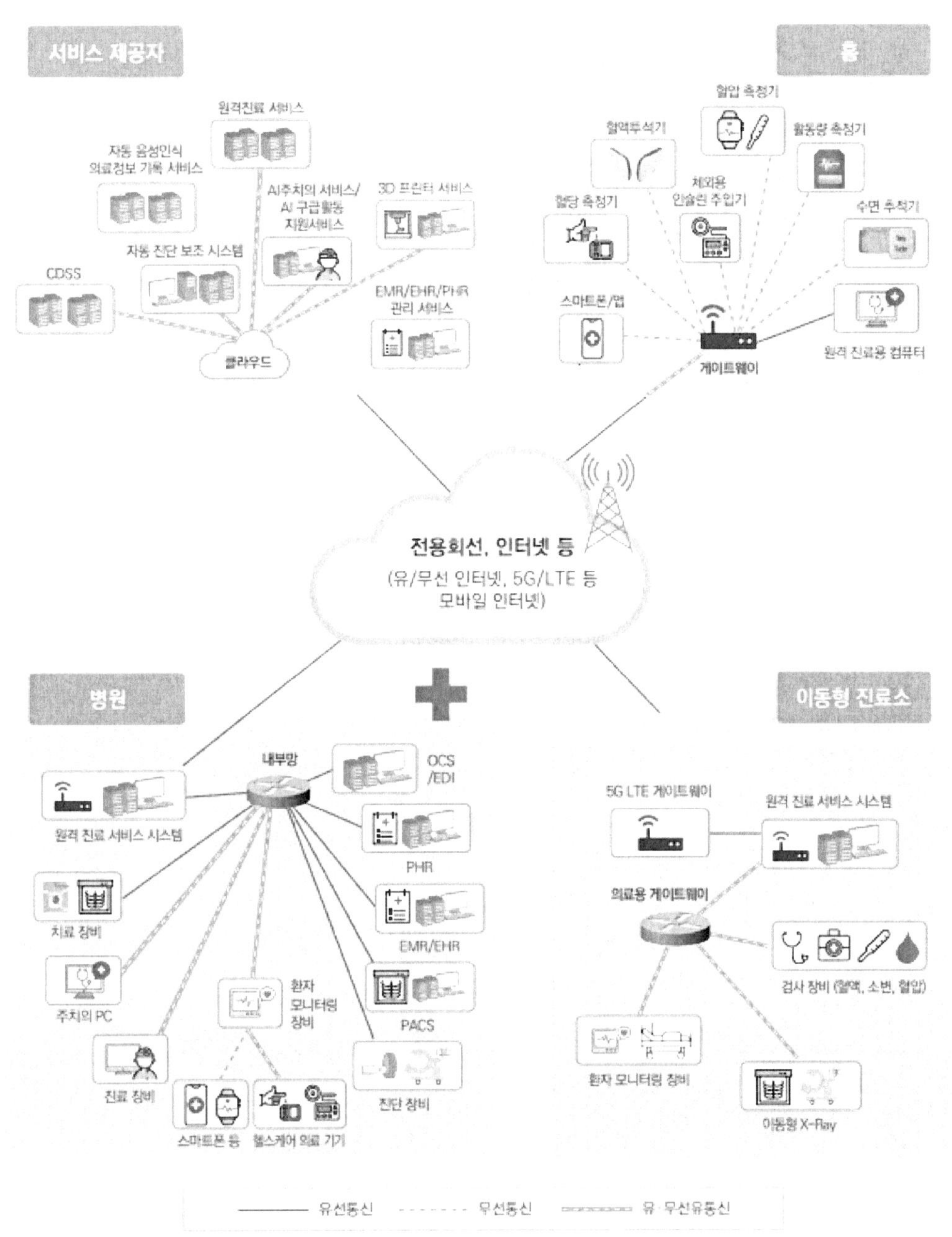

[그림 5] 디지털헬스케어 서비스 구성요소

가) 홈(Home)

디지털헬스케어 서비스를 제공하기 위한 구성요소 중 홈은 개인이 디지털헬스케어 기기를 기반으로 디지털헬스케어 서비스를 제공받는 도메인이다. 홈은 개인의료정보 및 개인건강정보를 수집(센싱), 전송, 분석 요청, 검색 기능을 수행하고 서비스를 제공한다. 사용자는 디지털헬스케어 기기를 통해 자신의 건강 상태를 측정하고, 측정된 정보를 서비스 제공자에게 전송하여 분석된 정보를 제공받을 수 있다. 또한, 디지털헬스케어 기기의 애플리케이션을 이용하여 원격의료 서비스를 제공받을 수 있다.

홈 도메인에서 사용될 수 있는 디지털헬스케어 기기는 다음 그림과 같이 혈당측정기, 체외용 인슐린 주입기, 혈압 측정기 등이 있으며, 스마트폰(앱)을 통해 디지털헬스케어 기기를 연동하거나 정보를 조회할 수 있다. 디지털헬스케어 기기가 직접 또는 게이트웨이를 통해 외부로 데이터를 전송할 수 있다.

[그림 6] 디지털헬스케어 서비스 구성요소 : 홈

홈 관련 디지털헬스케어 기기는 의료기기, 개인건강을 위한 기기, 기기와 연계를 위한 일반 스마트 기기로 구분할 수 있다.

분류	관련 기기	운영체제	통신인터페이스	비고
의료	인슐린 펌프, 혈당측정기, 심박계, 혈압측정기	펌웨어, RTOS.	Bluetooth, Wi-Fi, IRDA, Sub-Giga RF, USB, RS232, Ethernet	의료기기 (측정 등)
웰니스	활동량계, 체온계, 혈당계, 혈압계, 체지방 측정계	펌웨어, RTOS	5G, LTE, 3G, Bluetooth, Wi-Fi, IRDA, Sub-Giga RF, USB, RS232, Ethernet	개인건강을 위한 기기
연계 (전송)	이동형 스마트 기기 (스마트폰), 홈게이트웨이, 스마트와치 등	윈도우즈, 안드로이드, 리눅스, 펌웨어 등	5G, LTE, 3G, Bluetooth, Wi-Fi, IRDA, USB, RS232, Ethernet	기기와 연계을 위한 일반 스마트 기기

[그림 7] 홈과 관련된 디지털헬스케어 기기 유형

홈 관련 디지털헬스케어 기기는 개인의료정보 및 개인건강정보를 수집(센싱), 전송, 분석 요청, 검색 기능을 수행을 수행하기 때문에 주로 병원 데이터베이스, 원격진료를 위한 의료서비스 제공자와의 연계 서비스를 제공한다.

홈 관련 기기 기반의 대표적인 디지털헬스케어 서비스는 원격진료 서비스, 응급의료 서비스, 만성질환 모니터링 서비스, 건강정보 모니터링 및 개인 트레이닝 서비스가 있다.

나) 이동형 진료소

 디지털헬스케어 서비스를 제공하기 위한 구성요소 중 이동형 진료소는 이동성이 고려된 디지털헬스케어 기기를 기반으로 간소화되거나 응급 형태의 디지털헬스케어 서비스를 제공하는 도메인이다. 이동형 진료소는 도서지역의 비대면 진단 및 치료와 이동(이송) 중인 환자의 상태를 모니터링하며 치료 서비스를 제공할 수 있다. 대표적 서비스 모델로는 구급차 내 설치된 디지털헬스케어 기기와 운영 시스템을 볼 수 있다.

 이동형 진료소 도메인에서 사용될 수 있는 디지털헬스케어 기기는 다음 그림과 같이 심전도, 맥박 등과 같은 환자 모니터링 장비와 이동형 X-ray, 혈액 등 검사장비 등이 있다. 또한, 이동형 원격진료 서비스 시스템을 통해 병원의 전문의로부터 응급처지 방법, 화상 진료 등 의료 서비스를 제공받을 수 있다. 홈 도메인과 같이 디지털헬스케어 기기가 직접 또는 게이트웨이를 통해 외부로 데이터를 전송할 수 있다.

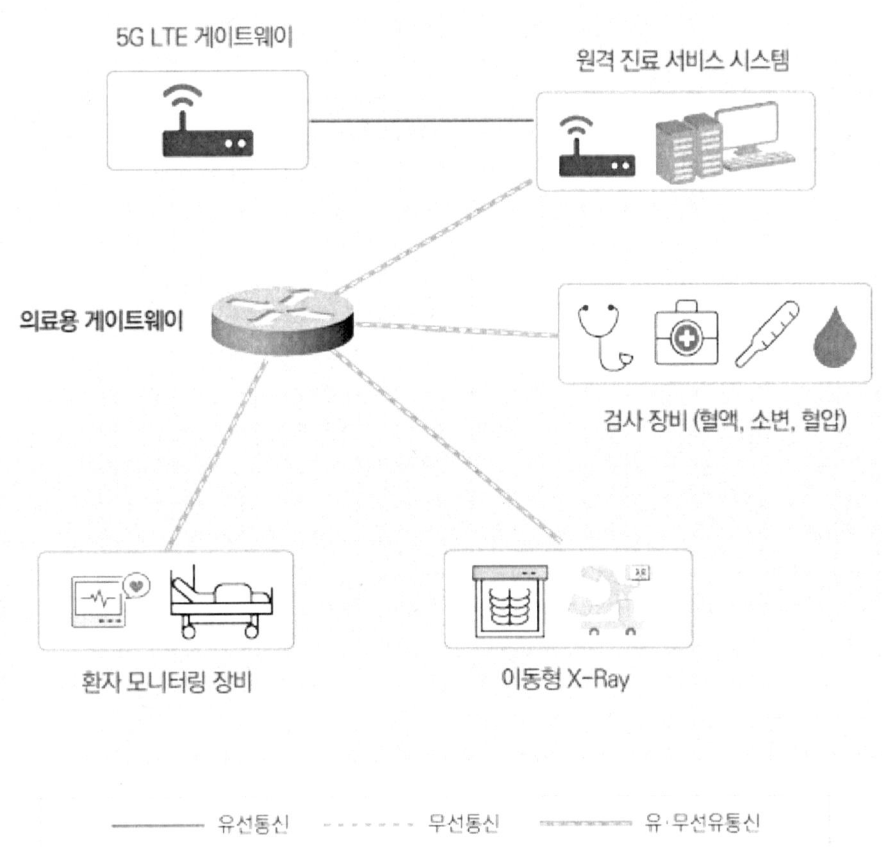

[그림 8] 디지털헬스케어 서비스 구성요소 : 이동형 진료소

  이동형 진료소 관련 디지털헬스케어 기기는 다음과 같이 이동형 진료 장비, 이동형 환자 모
니터링 장비, 원격진료 서비스 시스템(병원과 실시간 응급환자(구급차 이송)의 진료를 연결해
주는 시스템), 게이트웨이·스마트 기기로 구분할 수 있다.

분류	관련 기기	운영체제	통신인터페이스	비고
이동형 진료 장비	휴대용 간이 인공호흡장치, 자동심장충격기, 실시간 영상 전송 장치	윈도우즈, 안드로이드, 리눅스, 유닉스, RTOS, 펌웨어 등	5G, LTE, 3G, Bluetooth, Wi-Fi, IRDA, GPS, USB, RS232, Ethernet	수술, 치료를 위해 사용되는 장비 및 시스템
이동형환자 모니터링 장비	산소포화/ 심전도 측정기, 수액 주입기 등	윈도우즈, 안드로이드, 리눅스, 유닉스, RTOS, 펌웨어 등	5G, LTE, 3G, Bluetooth, Wi-Fi, IRDA, GPS, USB, RS232, Ethernet	이동 중 환자 상태 파악을 위한 시스템
이동형 원격진료 서비스 시스템	응급구조 원격진료 프로그램 등 (서버·PC, 스마트 기기)	윈도우즈, 안드로이드, 리눅스, 유닉스 등	5G, 4G, 3G, Ethernet	실시간 응급환자 (구급차 연계 포함) 진료 등
연계 (전송)	이동형 스마트 기기 (스마트폰), 게이트웨이 등	윈도우즈, 안드로이드, 리눅스, 펌웨어 등	5G, LTE, 3G, Bluetooth, Wi-Fi, IRDA, USB, RS232, Ethernet	외부 서비스와의 연계를 위한 스마트 기기

[그림 9] 이동형 진료소 관련 디지털헬스케어 기기 유형

  이동형 진료소 관련 디지털헬스케어 기기는 환자 이동(이송) 시 진료와 치료를 수행하거나
환자 상태를 확인하며 원격에서 의사의 도움을 받아 현장에서 의료 행위가 수행되기 때문에
주로 병원 원격 시스템과 연계되거나 서비스 제공자의 데이터베이스와 연계된 서비스를 제공
한다.

  이동형 진료소 관련 기기 기반의 대표적인 디지털헬스케어 서비스는 원격의료 서비스, 응급
의료 서비스가 있다.

다) 병원

디지털헬스케어 서비스를 제공하기 위한 구성요소 중 병원은 디지털헬스케어 서비스 제공에 있어 중추적인 역할을 담당하고 있다. 디지털헬스케어 서비스 구성요소에 속한 모든 디지털헬스케어 기기와 연계하여 개인의료정보가 전송 및 저장되고 다양한 디지털헬스케어 서비스를 제공한다. 병원에서는 기본적으로 대면 진료를 기반으로 서비스가 제공되고, 환자의 상태를 진단하기 위하여 MRI, CT, X-ray 등의 다양한 디지털헬스케어 기기를 사용한다. 현재, 우리 나라의 원격의료 서비스는 초기 단계에 머물러 있으나, 국외 디지털헬스케어 서비스는 초고속 정보통신기술을 기반으로 비대면 및 원격의료 서비스로 진화하고 있다.

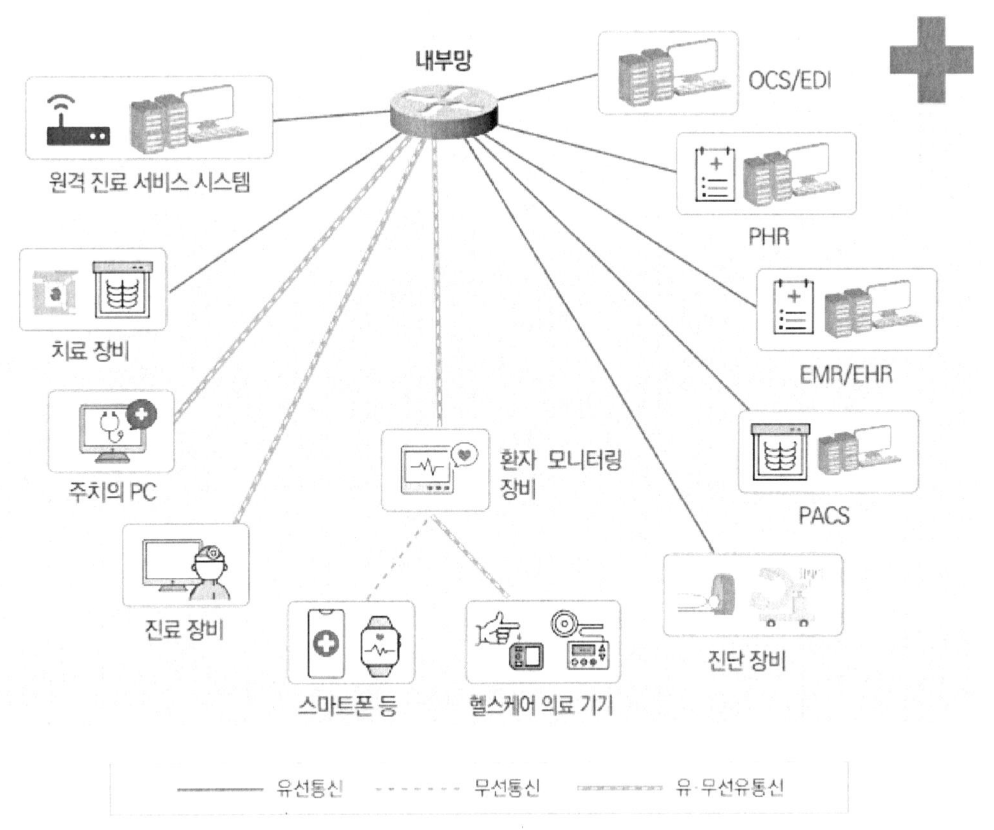

[그림 10] 디지털헬스케어 서비스 구성요소 : 병원

병원에 구축된 디지털헬스케어 기기는 의료정보시스템, 진료장비, 수술·치료장비, 모니터링 장비, 기기 관리 시스템, 원격진료 서비스 시스템, 네트워크 인프라 등이 있다. 관련 디지털헬스케어 기기는 대면 또는 비대면(원격진료) 등 진단, 치료 등의 기능을 수행하거나 지원하는 역할을 하며, EMR, HER, PHR, PACS 등 의료 정보 저장 및 분석을 지원하는 기능도 수행한다. 최근에는 고도화된 수술 장비인 다빈치 로봇을 이용한 수술도 진행되고 있다.

분류	관련 기기	운영체제	통신인터페이스	비고
원격진료 서비스	주치의 PC 프로그램, 응급구조 원격진료 프로그램 등(서버, 스마트 기기기반)	Windows, 안드로이드, 리눅스, 유닉스 등	5G, 4G, 3G, Ethernet	주치의 온라인 문진 진료, 개인 의료기기 정보기반 원격진료, 실시간 응급환자(앰뷸런스 연계 포함) 진료 정보 등
EMR/HER/ PHR/PACS	PC, 서버, 웹서버	Windows, 안드로이드, 리눅스, 유닉스 등	5G, 4G, 3G, Ethernet	전자의료기록, 임상의사결정 지원 정보
진료 장비	골밀도 촬영기, MRI, CT, X-ray, 초음파 진단기, 안압 측정기심혈관 촬영기 등	Windows, 안드로이드, 리눅스, 유닉스, RTOS, 펌웨어 등	5G, LTE, 3G, Bluetooth, Wi-Fi, IRDA, USB, RS232, Ethernet	환자 진료 정보
환자 모니터링장비	신소/심박 측정기, 수액 주입기등	Windows, 안드로이드, 리눅스, 유닉스, RTOS, 펌웨어 등	5G, LTE, 3G, Bluetooth, Wi-Fi, IRDA, USB, RS232, Ethernet	환자 입원 후 상태 정보
환자 치료 장비	다빈치 로봇, 레이저 주사기, 충격파 치료기, 수술모니터링 시스템, 방사선 치료기, 심박쇄동기 등	Windows, 안드로이드, 리눅스, 유닉스, RTOS, 펌웨어 등	5G, LTE, 3G, Bluetooth, Wi-Fi, IRDA, USB, RS232, Ethernet	수술, 치료 필요 정보 및 치료 결과 정보
스마트기기	이동형 스마트기기 (스마트폰 류), 홈게이트웨이	Windows, 안드로이드, 리눅스, 펌웨어 등	5G, LTE, 3G, Bluetooth, Wi-Fi, IRDA, USB, RS232, Ethernet	개인 건강상태 정보, 운동량 및 활동량 정보
환자 웨어러블 기기	인슐린 펌프, 혈당측정기, 심박계, 혈압 측정기	펌웨어, RTOS,	Bluetooth, Wi-Fi, IRDA, Sub-Giga RF, USB, RS232, Ethernet	병원내 환자 상태 및 의료 정보

[그림 11] 병원 관련 디지털헬스케어 기기 유형

병원은 디지털헬스케어 서비스 제공을 위한 중추적인 역할을 담당하고 있으며, 서비스 구성 요소에 속한 디지털헬스케어 기기들이 매우 복잡하게 연계되어 다양한 서비스를 제공하고 있다. 병원은 일반적으로 폐쇄된 내부망으로 구성된 구조가 기본이지만 디지털헬스케어 기기에 대한 원격지원 및 업데이트를 위해 제한적으로 외부망 연결이 제공된다. 최근에는 비대면진료에 대한 요구가 증가하면서 병원의 원격진료 시스템이 홈 및 이동형 진료소와 연계된 서비스가 제공될 수 있으며, 의료정보에 대한 분석을 위한 서비스 제공자와 AI 기반의 빅데이터 분석 시스템과의 연계된 서비스가 제공될 수 있다.

병원 관련 기기 기반의 대표적인 디지털헬스케어 서비스는 원격진료 서비스, 원격수술 서비스, 만성질환 관리 서비스, AI 기반의 의료정보 분석 서비스, 응급의료 서비스가 있다.

라) 서비스 제공자

디지털헬스케어 서비스를 제공하기 위한 구성요소 중 서비스 제공자는 홈, 이동형 진료소, 병원으로부터 전송된 개인의료정보, 개인건강정보, 환자 정보 등에 대한 저장 및 분석 서비스를 제공하는 도메인이다. 서비스 제공자는 의료정보기록 서비스, 빅데이터 기반의 CDSS, 인공지능 주치의 서비스, 자동진단 보조 시스템, 3D 프린트 서비스 등 개인의료정보 또는 개인건강정보에 대한 다양한 분석 서비스를 제공한다. 향후, 디지털헬스케어 영역의 확대와 기술의 고도화로 더 많은 양질의 서비스가 제공될 것으로 전망된다.

서비스 제공자 도메인에서 제공되는 대부분의 서비스는 다음 그림과 같이 데이터 기록 및 저장, 분석, 정보제공 등으로 구성되기 때문에 고성능 서버 및 웹서버, 데이터베이스 등의 장비로 구성된다. 또한 대용량의 데이터 처리 및 사용자 접속을 고려하여 클라우드 기반의 서비스가 제공될 수 있다.

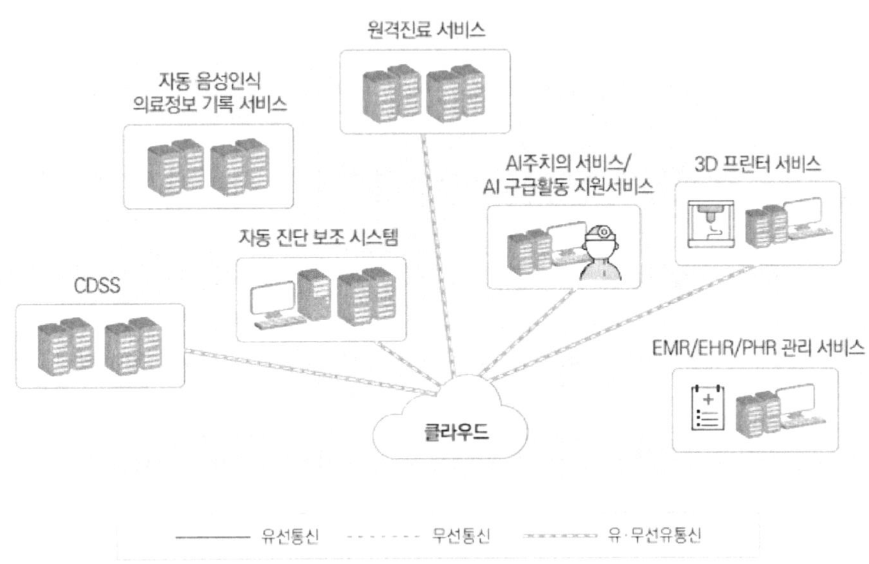

[그림 12] 디지털헬스케어 서비스 구성요소 : 서비스 제공자

서비스 제공자 관련 디지털헬스케어 기기는 서비스 특성상 주로 웹서버 또는 데이터베이스 서버 등을 기반으로 개인의료정보 및 개인건강정보를 저장하고 관련 AI 알고리즘을 통해 분석한 정보를 제공(예, AI 주치의 등)하기 때문에 별도의 의료기기보다는 고사양의 서버와 데이터베이스 시스템이 주축이 되고 있다.

분류	관련 기기	운영체제	통신인터페이스	비고
의료정보 기록 서비스	PC, 서버, 웹서버	윈도우즈, 안드로이드, 리눅스, 유닉스 등	5G, 4G, 3G, Ethernet	
빅데이터 기반의 CDSS	PC, 서버, 웹서버	윈도우즈, 안드로이드, 리눅스, 유닉스 등	5G, 4G, 3G, Ethernet	의료정보제공, 빅데이터 기반의, AI 주치의 서비스는 물리적으로 병원, 댁내 시스템에 필수적으로 통합되지 않는 유동적 시스템으로 대개 서비스 제공 기업 서버를 통해 서비스가 제공됨
EMR/EHR/ PHR 관리 서비스	PC, 서버, 웹서버	윈도우즈, 안드로이드, 리눅스, 유닉스 등	5G, 4G, 3G, Ethernet	
인공지능 주치의 서비스	PC, 서버, 웹서버	윈도우즈, 안드로이드, 리눅스, 유닉스 등	5G, 4G, 3G, Ethernet	
자동진단 보조 시스템	PC, 서버, 웹서버	윈도우즈, 안드로이드, 리눅스, 유닉스 등	5G, 4G, 3G, Ethernet	
3D 프린터 서비스	3D 프린터, PC, 서버 등	윈도우즈, 안드로이드, 리눅스, 펌웨어, RTOS	5G, 4G, 3G, Ethernet	의료용 3D 프린터는 단독 또는 PC와 연동 하는 구조 (치과, 정형외과, 성형외과 등)

[그림 13] 서비스 제공자 관련 디지털헬스케어 기기 유형

서비스 제공자 관련 서비스는 개인의료정보 및 개인건강정보 등 데이터 처리 기반의 서비스가 제공된다. 서비스 제공자 관련 기기 기반의 대표적인 디지털헬스케어 서비스는 AI 주치의 서비스 또는 진단 지원 서비스, 3D 프린팅 서비스, 개인 맞춤형 건강관리 서비스가 있다.

나. 디지털 헬스케어 배경[4)

1) IT 기술의 발달

 COVID-19 유행 직전인 2020년 초 개최된 CES(Consumer Electronics Show)의 5대 키워드 중 첫번째는 '디지털 치료'였는데, 개최 기간 동안 헬스케어 기술을 소개한 기업은 500여곳에 달했고, 특히 '디지털 헬스케어'를 주제로 참가한 기업은 전년보다 20% 증가한 76개였다. 미래 기술 전시회인 CES에서 디지털 헬스케어가 주목받은 이유는 고령화 시대에 헬스케어 효율화가 각국의 주요 과제로 떠오르고 있는 가운데, 5G 통신망 구축으로 디지털 헬스케어가 확산될 수 있는 기반이 마련되었기 때문이다. 5G 상용화는 IoT를 활용한 실시간 건강상태 확인, 원격의료 및 로봇을 이용한 원격 수술, 클라우드 기반의 의료 시스템 등을 가능하게 하고 있다. 이러한 기술 발전을 통해 헬스케어는 사후 치료에 중점을 둔 과거 방식에서 벗어나, 질병 사전 예방 위주로 서비스 체계가 변화할 것으로 전망된다.

[그림 14] 헬스케어 패러다임의 변화

구분	Tele-health	e-health	u-health	digital-health
시기	1990년 중반	2000년	2006년	2010년 이후
서비스 내용	원내 치료	치료 및 정보제공	치료·예방관리	치료·예방·복지· 안전
주 제공자	병원	병원	병원, ICT기업	병원, ICT 기업, 보험사, 서비스 기업 등
주 이용자	의료인	의료인, 환자	의료인, 환자, 일반인	의료인, 환자, 일반인
주요 시스템	병원운영 (HIS, PACS)	의무기록(EMR) 웹사이트	건강기록(EHR) 모니터링	개인건강기록 기반 맞춤형 서비스

[표 3] 헬스케어 서비스 발전방향

---

4) 디지털 헬스케어의 개화 원격의료의 현주소, PwC Korea, 2022.07

2) COVID-19 팬데믹

COVID-19의 대유행은 디지털 헬스케어의 필요성에 대한 사회적 공감대를 형성하게 하는 계기가 되고 있다. 이 기간에 인류는 원격의료, 의약품 배송, 가정 내 건강관리 등 비대면 헬스케어 서비스의 편리함과 유용성을 경험하게 되었고, 이는 향후 포스트 COVID-19 시대의 '뉴노멀(new normal, 새로운 표준)'로 자리잡을 가능성이 높다.

다. 디지털 헬스케어 분류5)6)7)

정보통신산업진흥원에 따르면 디지털 헬스케어의 분야는 무선·모바일 헬스케어, 원격의료 및
전자의료기록시스템으로 구분할 수 있는데, IT기술 발달과 빅데이터를 활용한 영역간 융복합
으로 인해 분야별 경계가 점차 모호해지고 있다.

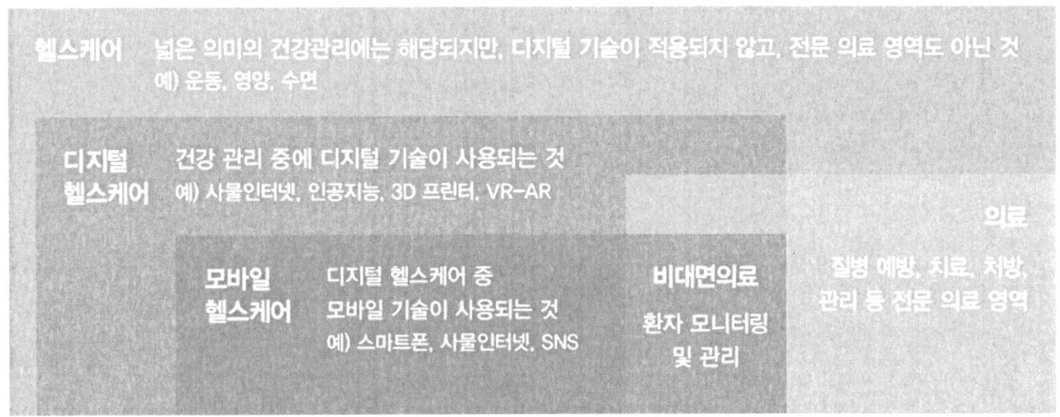

[그림 15] 디지털 헬스케어 도식도

국외의 경우 출처별 기관의 성격과 국가별 제도화 등의 차이로 공통된 범주를 제시하기엔 한
계가 있지만, 디지털 헬스케어와 관련된 주요 상품 및 서비스분야를 중심으로 제시된다.

출처	정의
WHO **(2020)**	• 이헬스(eHealth), 의료정보(medical informatics), 건강정보(health informatics), 원격의료(telehealth), 원격진료(telemedicine), 모바일 헬스(mhealth), 정밀의료(precision medicine)의 디지털 기술을 도입하여 건강을 향상시킬 수 있는 영역
미국FDA **(2020)**	• 모바일 헬스(mobile health(mHealth), 건강정보기술(health information technology(HIT)), 웨어러블 기기(wearable devices), 원격의료(telehealth), 원격진료(telemedicine), 개인맞춤형 의료 (personalized medicine)를 포함하는 영역

[표 4] 국외 디지털 헬스케어 범주

---

5) 디지털 헬스케어의 개화 원격의료의 현주소, PwC Korea, 2022.07
6) 디지털 헬스 산업 분석 및 전망 연구, 한국보건산업진흥원, 2020.12
7) AI TREND WATCH 국내 디지털헬스케어의 발전방향, 정보통신정책연구원, 2021.02.28

디지털 헬스케어를 구성하는 기술 관점에서 디지털 헬스케어를 분류하면, 바이오 빅데이터 플랫폼, 생체데이터 수집 시스템 및 어플리케이션, 스마트 건강관리 서비스, AI 기반 혁신의료 시스템으로 분류해볼 수 있다.

중분류	정의
바이오 빅데이터 플랫폼	• 근거 기반의 의료서비스, 건강관리 서비스 등의 헬스케어 서비스와 다양한 신산업 창출 기반을 제공하는 다중 임상데이터, 유전체, 생체신호 및 라이프로그 등의 바이오 빅데이터를 관리·분석·활용하기 위한 플랫폼
생체데이터 수집 시스템 및 어플리케이션	• 인체에서 생성되는 신호(예, 맥박, 혈압, 체온, 심전도 등)를 측정하고 수집하기 위하여 몸에 부착하거나 착용(웨어러블) 형태로 만들어진 장치
스마트 건강관리 서비스	• 웨어러블 기기 및 스마트폰 앱, 운동량 등 생체데이터 수집 장치를 활용한 건강관리서비스, 웨어러블 컴퓨팅 기기와 모바일 기기를 활용한 모바일 헬스(m-health) 서비스·상품
AI 기반 혁신의료 시스템	• 병원에서 수집되는 다중임상자료와 같은 빅데이터에 인공지능을 접목하여 환자의 검진, 진단, 치료 및 모니터링 활동을 고도화시킨 의료시스템

[표 5] 디지털헬스케어 기술분류 체계

1) 원격의료[8]

 원격의료(Telemedicine, Telehealth)는 디지털 헬스케어의 한 분야로, 환자가 병·의원을 직접 방문하지 않더라도 정보통신기술(ICT)을 이용하여 적절한 진료·처방·모니터링을 하는 것을 의미한다. 이와 관련하여 원격진료란 병원 진료실에서 환자를 진료하던 것을 전화·문자·이메일·화상기술 등을 통해 원격으로 대신하는 것으로, 원격의료 중 일부분에 해당한다. 즉, 원격의료는 더 넓은 범위의 용어로 원격 환자 모니터링·원격수술을 포함하는데, 예를 들면 당뇨병·고혈압 등 지속적인 관찰이 필요한 환자들에게 필요한 것은 원격의료이고, 당장 아프기 때문에 병원에 가는 것을 대체하는 것이 원격진료이다.

 현재 우리나라 의료법상의 원격의료는 '의료법상 의료인이 컴퓨터·화상통신 등 정보통신기술을 활용하여 원격지의 의료인에 대하여 의료지식 혹은 기술을 지원하는 것'이다. 즉 국내의 원격의료는 '의료인과 의료인 사이'에서 일어나는 의료 행위에 국한되어 있으며, 원격지의 의사는 '지원'만 할 뿐 진료행위는 할 수 없는 매우 제한적인 범위에 해당되는 의료행위라고 볼 수 있다.

구분		정의
원격의료	원격응급의료	의사와 지리적으로 고립되어 있거나 열악한 환경에 처해 있어 현지 의사에게 대면 치료를 받을 수 없는 환자를 원격으로 지원
	원격모니터링	주로 만성질환자를 대상으로 질병의 치료 및 관리를 목적으로 하는 서비스
	원격진료	의사가 정보통신기술을 통해 전송된 환자의 생체신호(음성, 혈당, 혈압, 맥박 등)의 측정치를 분석하고, 그 결과를 바탕으로 원격지의 환자를 상담하거나 진단 및 처방하는 의료행위
	원격방문간호	노인 및 거동불편자의 세대에 직접 방문해 전문적 의료서비스 지원
원격건강관리		건강관리서비스 기관에서 원격으로 서비스 이용자의 건강측정정보(맥박, 혈압, 혈당 등)를 전송받고 건강관리서비스(상담, 교육 및 운동지도 등)를 제공

[표 6] 원격의료의 유형

---

8) 디지털 헬스케어의 개화 원격의료의 현주소, PwC Korea, 2022.07

2) 모바일 헬스케어[9][10]

모바일 헬스케어는 모바일 장치를 의학 및 공중보건에서 사용하는 것으로, 핸드폰, 스마트폰 등의 이동 통신 수단이나 스마트 워치 등의 웨어러블 디바이스를 이용한 건강 정보 제공, 건강 데이터 기록 및 수집 등의 건강 관리 서비스 또는 의료 행위를 제공하는 것을 의미한다.

WHO에서는 모바일 헬스를 e-Health의 한 종류로, 모바일 장치를 활용한 공중보건 및 의료 활동으로 정의하고 있다. 구체적으로 모바일 헬스 앱에는 지역사회 주민들의 일상 및 비정상 건강 데이터 수집 활용, 보건 종사자 및 일반인에게 건강 관리 정보의 제공, 바이탈 사인의 실시간 모니터링, 모바일 원격의료를 통한 직접 치료 제공, 모바일 기기를 통한 보건 종사자의 협업 및 교육 등이 포함된다.

최근 국내 모바일 헬스케어의 경우 보건소에서 건강검진결과를 이용하여 혈압, 공복혈당, 허리둘레, 중성지방, HDL-Chol 5개의 만성질환 건강위험 요인이 1개 이상인 대상자에게 모바일 어플리케이션과 디바이스를 활용한 맞춤형 건강관리 서비스를 제공하여 건강상태 개선을 유도하는 서비스 등을 제공하는 것으로 활용되고 있다.[11]

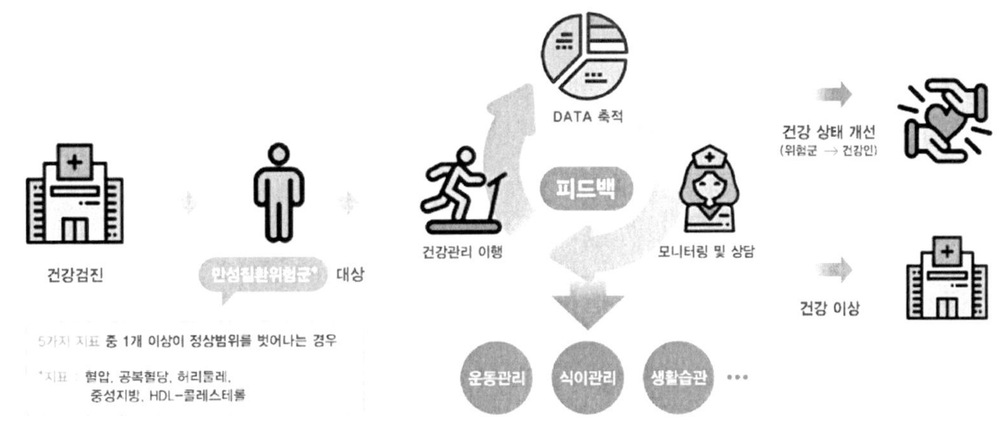

[그림 16] 보건소 모바일 헬스케어 사례

다음으로, 웨어러블 기기는 "개인용 컴퓨터 또는 웨어러블(wearables)이라고도 하는 웨어러블 기기를 우리가 평소 입고 있는 옷에 착용할 수 있게 소형화한 전자장치"로 규정된다. 웨어러블 디바이스는 유형에 따라 휴대형과 부착형, 복용형으로 분류할 수 있는데, 휴대형의 경우 스마트폰과 연계하여 작동하는 제품으로 구글 글래스, 갤럭시 기어, 애플 워치 등이 있으며, 스마트 의류의 경우도 휴대형 디바이스로 구분된다.

---

9) 모바일 헬스, 위키백과
10) 유망시장 Issue Report : 웨어러블 의료기기, 연구개발특구진흥재단, 2021.09
11) 모바일 헬스케어, Khepi

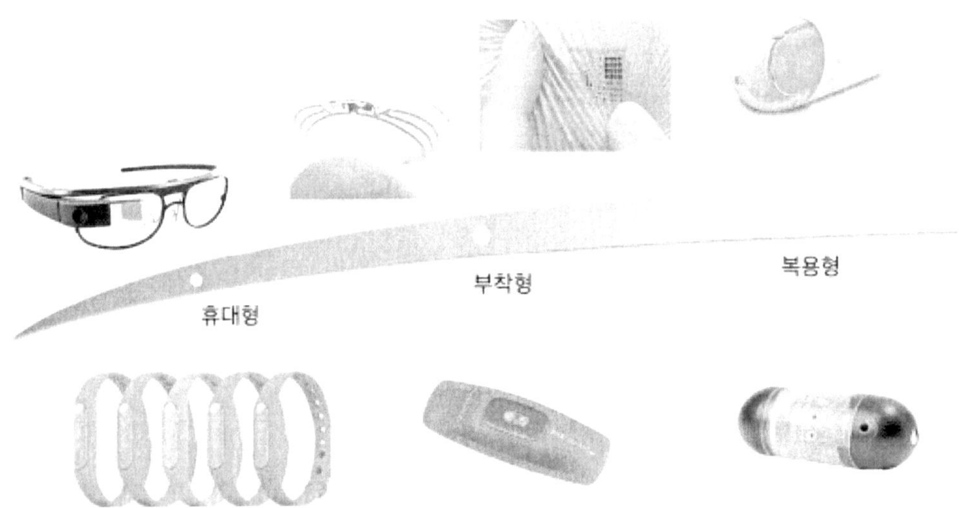

[그림 17] 웨어러블 디바이스 전망

웨어러블 의료기기는 스마트 헬스케어 산업에서 개개인의 혈당 수치, 혈압, 심전도, 식단 정보 등 개인건강정보 데이터를 수집하여 활용하는 하드웨어를 담당하고 있다. 헬스케어 웨어러블 디바이스는 사용 주체에 따라 활용 범위가 달라지는데 개인의 경우, 질병 예방 및 건강관리서비스 영역에서 사용자가 주도적으로 자신의 건강정보를 수집, 분석하는 'activity tracker'로 활용된다.

3) 전자의료기록[12][13]

 의료정보시스템(Hospital Information System, HIS)은 병원 내 의료 및 행정 업무를 관리하기 위한 시스템으로 1960년대부터 개발되었다. 병원 내 진료 현황부터 의약품 관리 및 재무 관리를 포함하기 때문에 복잡하게 구성되어 있으나, 주요 기능은 병원관리와 경영관리로 구분할 수 있다. 병원관리 기능은 환자, 영상, 병동관리 등 병원 고유의 업무 시스템이며, 경영관리 기능은 원무, 수납, 인사 및 회계 기능으로 지원 시스템이다.

기능		상세
의료정보 시스템 (HIS)	병원 관리	EMR	전자 의학기록 (Electronic Medical Record) - 과거 종이차트에 기록했던 진료사항을 전산화한 것
		PACS	의료영상 저장전송 시스템 (Picture Archiving Communication System) - 의료영상을 디지털로 변환 → 저장·관리 → 전송
		OCS	처방 전달시스템 (Order Communicating System) - 의사의 처방을 지원부서에 전달
		RIS	방사선정보 시스템 (Radiology Information System)
		LIS	임상정보 시스템 (Laboratory Information System)
	경영 관리	MIS	경영정보 시스템 (Management Information System)
		EDI	전자문서교환 시스템 (Electronic Data Interchange) - 컴퓨터에 기록되어 있는 정보를 전자 문서화하여 데이터 전송 처리
		PM·PA	원무 관리 시스템 (Patient Management·Patient Account) - 환자의 입·퇴원수속과 병상관리, 진료비 심사·청구

[그림 18] HIS 시스템 구성

 1990년대 기초적인 진료기록을 수집하는 역할에 그쳤던 의료정보시스템은 2000년 초반에는 병원 전반 업무의 전자문서화 및 디지털화를 주도했다. 최근에는 의료진의 직접적인 진료 활동을 지원하는 시스템으로 발전하였고, 4차 산업혁명과 코로나 19로 인해 디지털 헬스케어에 핵심적 기능을 제공하는 시스템 역할을 수행할 것으로 기대되고 있다.

 디지털 헬스케어는 건강관련 서비스와 의료IT가 융합된 종합 의료서비스이다. 정보통신산업진흥원에 따르면 의료정보시스템은 디지털 헬스케어의 한 분야이다. IT분야의 전문 리서치 기업인 Gartner는 의료정보시스템이 환자, 헬스케어 기업, 의료기관들에게 디지털 헬스케어 생태계의 중심이 되는 플랫폼으로 진화할 것이라 예상했다. 특히 현재는 기능, 고객규모, 지리적 시장을 중심으로 파편화된 의료정보시스템 시장이 장기적으로는 기술력 있는 대형 밴더(Vender) 중심으로 재편될 것으로 전망했다.

---

12) 디지털 헬스케어의 개화 원격의료의 현주소, PwC Korea, 2022.07
13) 유비케어, 한국IR협의회, 2023.02.10

의료정보시스템(HIS)의 핵심적 기능은 전자의학기록(EMR: Electronic Medical Record)으로
국내에서는 HIS와 EMR을 동일한 개념으로 사용하고 있다. EMR은 5단계의 발전단계를 거치
는데, 한국은 현재 3단계(EMR, 병원 내 의무기록의 공동활용을 위해 전자의무 기록단계)에서
4단계(EHR: Electronic Health Record, 의료기관 간 정보 공동활용 전자의무기록 체계) 사
이에 위치해 있으며, 3단계에 가깝다.

[그림 19] EMR 발전 5단계

 향후 원격의료를 포함하는 디지털 헬스케어 산업을 위해서는 각각의 의료기관이 보유한
EMR을 통합한 EHR(Electronic Health Record)이 필수적이며, 궁극적으로는 개인 헬스 디바
이스까지 연동된 PHR(Personal Health Record)이 필요하다. 그리고 이러한 시스템 진화의
가장 필수요건은 EMR 표준화를 통한 데이터 통합이다.

4) 개인 맞춤형 헬스케어[14]

최근 헬스케어 산업은 의료기관과 임상 데이터 중심의 IBM Watson 등으로 대표되는 전통적인 진단/치료 분야를 넘어서 의료 소비자와 개인건강기록(Personal Health Record:PHR) 중심의 개인 맞춤형 헬스케어 산업으로 진화하고 있다.

개인건강기록은 개인건강과 관련한 모든 정보, 그리고 이를 바탕으로 제공되는 건강관리 서비스, 그리고 개인 건강 데이터와 개인건강관리 서비스를 제공하는 플랫폼을 모두 포함하는 개념으로 헬스케어 산업의 패러다임이 진단/치료에서 예방/관리로 이동하면서 개인의 맞춤형 건강관리 서비스가 관심을 받게 됨에 따라 그 중요성이 더욱 증가하고 있다.

개인 맞춤형 헬스케어 산업은 개인건강기록(PHR)에 기반하여 진단 및 치료에 사용되었던 헬스케어 모델을 개인의 질병 예방과 관리를 위해 확장하며, 개인건강 데이터 분석과 편의성을 위한 인터페이스로서 인공지능 기술을 활용하는 방향으로 진화하고 있다. 개인건강기록 관련 기술과 제도로는 마이데이터, OMOP CDM을 들 수 있다.

① 마이데이터
마이데이터(MyData)는 정보 주체의 자기결정권 행사 제도로 여러 기관에 흩어져 있는 개인의 정보를 정보 주체가 주도적으로 활용하는 체계이다. 본인 소유의 데이터를 내려받아 활용하거나 제3자가 사용할 수 있도록 데이터 사용 동의를 제공하는 방식으로 이루어진다. 개인의 정보를 필요로 하는 곳에 기탁하고 해당 정보에 기반한 서비스 등으로부터 대가를 제공받을 수도 있다. 정보 주체의 자기결정권으로 데이터가 활용되기 때문에 법 개정이 필요 없으며, 비식별 조치로 인한 정보 손실을 피할 수 있기 때문에 당장 시행이 가능한 제도이다.

② OMOP CDM
OMOP (Observational Medical Outcomes Partnership) CDM(Common Data Model)은 서로 다른 의료기관의 데이터 구조를 통일화하기 위한 공통데이터모델(CDM)이다. OHDSI 에 참여하고 싶은 의료기관은 데이터를 공통데이터모델 형식으로 변환하면 된다. CDM은 진료기록의 모든 요소를 담을 수 있도록 설계되었다.

표준진료 데이터(Standardized Clinical Data) 영역은 환자의 인구통계학적인 정보(Person), 환자의 내원정보(Visit Occurrence), 진단(Condition Occurrence), 투약(Drug Exposure), 처치정보(Procedure Occurrence), 검사정보(Measurement) 등을 핵심 구조로 포함하고 있다. CDM 변환 데이터는 표준 구조뿐만 아니라 표준 용어에 기반하여 구축된다.

표준어휘영역(Standardized Vocabularies)은 의료 분야에서 사용되는 다양한 어휘 중 CDM에서 채택한 표준어휘를 Concept 테이블로 관리한다. 진단, 투약, 처치, 검사 등에서 사용되는 어휘는 모두 Concept 테이블의 기본키(Primary Key)인 Concept_ID로 표현된다. 다양한 표준어휘 간의 동의어 관계나 개념적 상하 관계도 표준어휘영역에서 관리된다.

---

14) 개인 맞춤형 헬스케어 산업 기술 동향, 정보통신기획평가원

CDM 변환을 시행할 때 기관에서 나름대로 정의해서 쓰던 로컬코드(Local Code)를 표준 어휘로 매핑하는 작업은 매우 중요하며 일반적으로 많은 노력과 시간을 요구한다

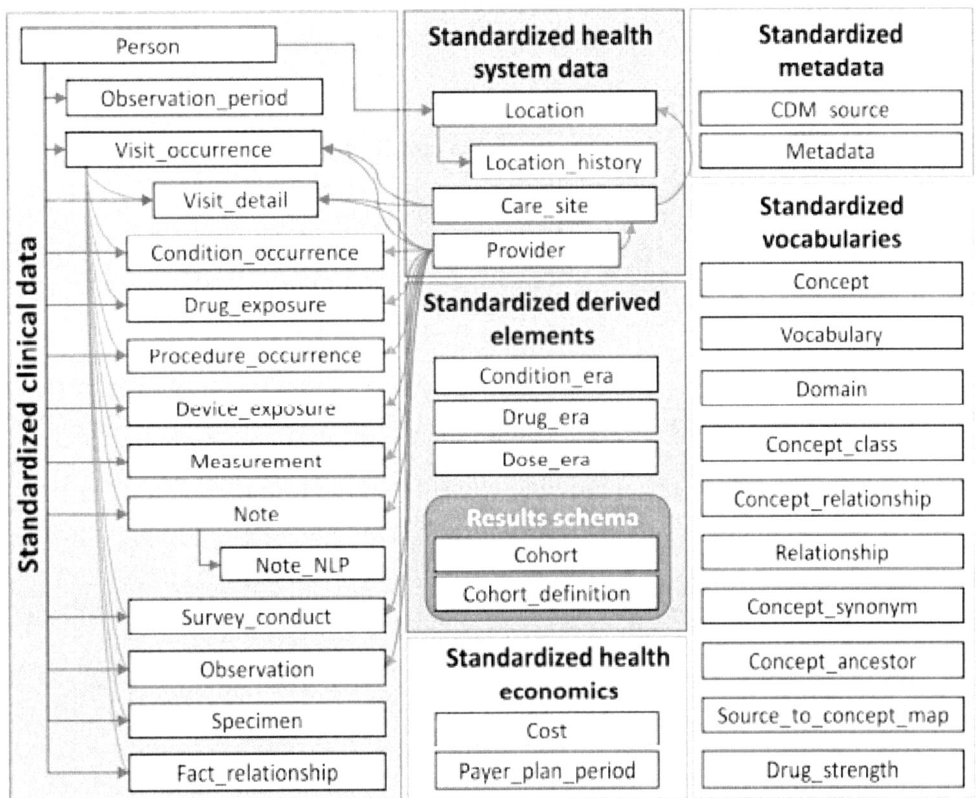

[그림 20] 공통데이터모델(CDM) 구조

라. 디지털 헬스케어 유망 수요처[15)](#)

1) 소비자(Consumer)

소프트웨어 제공업체인 Redpoint Global가 소비자 1,000명을 대상으로 조사한 결과, 80%는 의료 서비스 제공자와 의사소통 시 일정 부문 디지털 채널을 활용하는 것을 선호한다고 응답했다. 29%의 의료 소비자는 온라인 및 대면 진료 모두 무리 없이 활용할 수 있기를 희망했으며, 36%의 의료 소비자는 직접 경험을 위해 디지털 커뮤니케이션을 선호했다.

하지만 소비자 50%는 의료 제공자의 부적절한 디지털 의료 제공으로 전체 의료 경험을 부정적으로 인식했다고 답하기도 했다. 소비자의 57%는 재택 기기의 사용으로 원격으로 건강 문제 모니터링이 가능하다고 응답했으며, 피트니스 및 모니터링 장치 사용자의 50%가 데이터를 의사와 공유하겠다고 답했으며, 소비자 68%가 온라인을 통해 병원을 예약, 변경, 취소하는 것을 선호했다.

디지털 헬스케어는 소비자가 활용할 수 있는 방향으로 발전하고 있는데, 디지털 건강 툴의 증가로 코로나19의 영향을 줄이는데 기여했으며 치료, 예방 목적의 소프트웨어 제품이 약 150개 출시되었다. 또한, 소비자에게 판매되는 웨어러블 제품이 약 384개로 추정되며, 디지털 앱 효과와 관련하여 2015년 이후 1,500건 이상의 효능 연구가 발표되었다.

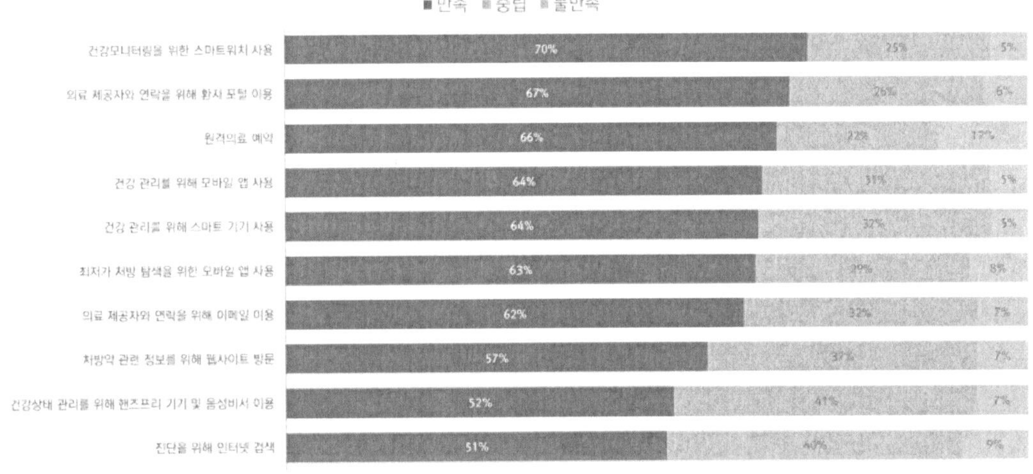

[그림 21] 성인 건강 관리 활동에 대한 만족도

---

15) 품목별 ICT 시장동향, 디지털헬스케어, nipa, 2022.06

2) 리테일(Retail)

리테일 분야는 디지털 헬스케어 산업 진출에 적극적이다. 먼저, 1차 진료 서비스는 소매 업계와 융합하고 있는데, 슈퍼마켓, 드럭스토어, 아울렛 등에 '리테일 헬스 클리닉'을 입점해 1차 진료 서비스를 제공하는 경우도 있으며, 타겟(Target), 월그린(Walgreens), CVS 등 소매 업계에서 리테일 헬스 클리닉을 운영하기도 한다.

CVS는 디지털 기반 약국 서비스를 강화하여 건강식품 및 웰빙 제품 판매, 가상 진료 서비스를 제공하고 있으며, 베스트바이(Best Buy)는 환자 원격 모니터링 기술 공급업체인 Current Health에 4억 달러를 지불했다. 월그린(Walgreens)는 2022년 말까지 160개의 1차 진료소 오픈 계획을 발표하기도 했고, 월마트(Walmart)는 자가 보험 고용주 시장 진출을 위해 의료 내비게이션 회사 트렌스케어런트(Transcarent)와 제휴를 체결했다.

구분	내용
디지털 코로나19 서비스	• 전국 1,700개 약국을 통해 코로나19 예방접종 실시 • 앨버트슨, 코로나19 백신 서비스 다양화 - Google Business Messages와 제휴해 고객에게 코로나19 백신 가용성 관련 실시간 정보 제공 - 리프트와 협업해 앨버트슨 약국 백신 접종자에게 할인된 차량 서비스 제공 - 백신 접종 예약 위해 넥스트도어 소셜 플랫폼에서 코로나19 백신 지도 지원
처방 솔루션	• 월그린, 처방 관련 당일 배달 서비스 제공 • CVS, 처방 솔루션 관련 기술 시도 다양화 - 드론 및 자율주행차를 이용해 처방전을 신속하게 배송 - 미국 시각장애인협회와 처방전을 읽어주는 플랫폼 'Spoken Rx'를 공동 개발
원격보건	• 타이탄 메디컬, 원격 기술 통합 위해 영국 재택 요양 기술 플랫폼 Current Health 인수 • 베스트 바이, 사업 전략 핵심으로 디지털 건강 기술 및 건강 모니터링 서비스 제공 선정

[표 7] 리테일 업계 주요 의료 기술 동향

3) 물류(Logistics)

코로나19는 의료 분야 공급망의 산업 변화를 야기했다. 코로나19의 발발로 병원 및 중요 의료 품목 공급망이 중단되는 등 의료 시스템의 혼란이 야기되었다. 또한, 제약 산업의 심각한 운송 지연을 경험하며 예상치 못한 상황에 대한 공급망 개선의 필요성이 제기되었다.

의료 분야 스마트 공급망을 도입하는 경우, 프로세스 및 워크플로우 자동화로 비용 절감 및 직원 생산성이 향상되며, 데이터 정확도를 개선해 데이터 오류 및 불일치로 인한 부정적 결과가 감소하는 효과가 있다. 다음으로, 공급망 프로세스가 표준화되며 모든 사람이 더 쉽게 작업할 수 있는 환경을 구축할 수 있다.

Cardinal health와 Kinaxis와 협력하여 디지털 공급망 계획을 최적화했다. 양사는 협력을 통해 의료 제품 가시성과 공급망 민첩성 개선 계획을 수립했다. Cardinal health의 재택 솔루션 비즈니스는 2023년 완전히 구축될 예정이다.

구분	내용
증거기반 결정	• 제품 및 서비스 사용 후 입원 기간 단축, 수술 시간 단축, 마취약 사용량 감소 등 의료 공급망에서 중시하는 임상 증거 수집이 용이 • 새로운 제품 및 서비스 채택 시 임상 증거 활용 용이
교차기능팀	• 조직 내의 사일로(silo)를 허물어 교차기능팀 형성을 지원 • 시스템 통합을 개선하고 위험을 공유하는 전체적인 솔루션 제공
인수합병 확대	• 인수합병 시 진행되는 대량 데이터 전송 과정을 효율적이고 안전하게 진행 • 자동화된 공급망 관리 솔루션으로 원활한 데이터 통합 보장
데이터 표준 채택	• 디지털 공급망 솔루션을 통해 워크플로우 및 프로세스의 표준화 지원 • 프로세스 표준화로 효율성을 높이고 비용을 낮추어 환자 치료 개선 • 클라우드 기반 솔루션을 통해 연결되고 확장 , 가능한 유연성 높은 공급망 구축 지원

[표 8] 의료 분야 디지털 공급망 혁신이 가져올 수 있는 결과

4) 공공(Public)

세계 각국의 정부는 디지털헬스 관련 정책 및 프로젝트를 실시하고 있다. FDA는 디지털 헬스 정책으로 코로나19 문제를 지원했다. FDA는 디지털 헬스 기술이 코로나19 관련 공공 정책 지원에 용이할 것으로 판단하고, MMA, PD-COV, NIRM-COV, IS-COV, GW 등의 지침을 통한 위험기반접근법으로 디지털 헬스 관련 제품을 규제하고 기능의 정의했다. 이스라엘은 3,000만 달러 규모의 디지털 헬스 이니셔티브 관련 19개 프로그램을 승인했다. 이를 통해 종합건강관리기구, 병원 등에 디지털 인프라를 구축할 수 있도록 지원하고, 디지털 인프라 구축을 통해 의료 기관과 의료 스타트업 간 R&D 협업, 익명화된 데이터 공유를 지원한다.

또한, 민관 파트너십을 통해 농촌 의료를 개선하는데, ATNF와 ATC CSR Foundation India는 민관 파트너십을 체결했으며, 이를 통해 인도 중앙부 마디아 프라데시아주의 농촌 지역에 ATC가 자금을 지원하고 ATNF가 운영하는 5개의 디지털 약국을 설립했다. 본 디지털 약국은 하이브리드 인터넷 연결을 통한 원격 의료로 고품질의 의료 서비스를 제공하고, 4개 구역의 약 200개 마을과 약 250,000명의 주민들이 원격 의료 서비스에 접근할 수 있도록 하며, 매일 가상 의사와의 상담을 진행하여 60종 이상의 필수 의약품을 환자에게 분배하고 있다.

[그림 22] ATC CSR Foundation India 의료 원격 상담 서비스

5) 교육(Education)

팬데믹 기간 동안 의료 분야 디지털화가 급속히 진전되고 원격 의료 상담 등이 증가하며 의학 교육 과정에 디지털헬스케어 도입 필요성이 제기되고 있다. 2020년 유럽 의과대학 설문조사에서 약 85%의 학생이 더 많은 디지털헬스케어 교육이 필요하다고 응답하기도 했다. 그렇다면 디지털 헬스케어 커리큘럼에서 다뤄야 할 내용은 무엇일까? 먼저, 디지털 헬스케어 관련 고유의 윤리적·법적 딜레마를 탐색할 수 있는 프레임워크 구축이 필요하다. 다음으로 디지털 헬스케어를 커리큘럼 초반부터 접하게 하며, 이를 교육 후반부에 실용 기술로 통합하고, 코로나19 이후 원격 의료 사용 증가 현상을 반영하여 환자와의 의사소통 기술의 학습이 필요하다.

영국은 최초의 디지털 헬스 교육 프로그램인 '디지털 헬스 아카데미'를 오픈했는데, 모든 국민 보건 서비스(NHS) 및 사회적 돌봄 관련 인력은 무료로 프로그램을 이용할 수 있다. 본 프로그램은 17,000개 이상의 건강 앱 리뷰 및 NHS 지역의 70%에서 헬스 앱 라이브러리를 운영하여 얻은 경험을 바탕으로 온라인 교육 포털 인프라를 구축했다.

구분	내용
인간 중심 디지털 헬스 솔루션 설계	• 기술 자체가 아닌 인간에 초점을 맞춘 인간 중심 설계 필요 • 의사 및 환자의 공동 작업으로 기술 사용에 있어 실용적이면서 감성적인 맥락 파악
효과적 변화 관리에 모든 구성원 합류	• 환자 관련 여러 변화 상황을 예측하여 의료 시스템에 반영 필요 • 변화 관리에 있어 모든 구성원들이 참여하여 디지털 혁신 잠재력 최대화
직원 교육	• 의료 교육 과정에 AI, 데이터 과학 등 디지털 보건 분야 최신 기술 포함 • 현장 교육, 원격 교육, 비디오 협업 등을 통해 의료 전문가의 기술 수준 상향
의료 서비스의 포괄적 접근	• 지역에 상관없이 모든 사람이 의료 서비스를 이용할 수 있도록 포괄적 접근 필요 • 원격 의료 개발 시 인터넷 접근성을 고려하는 등 접근법 필요
데이터 접근을 위한 클라우드 기반 플랫폼	• 2022년, 의료 경영진의 66%가 기술 인프라를 클라우드로 이전할 것으로 예상 • AI 및 임상 지식을 결합해 의료진들의 치료 시점에서 통찰력 획득
데이터 프라이버시·보안 관련 디지털 신뢰 구축	• 보안 고려 사항을 최우선으로 하는 단말 간 보안 중시 • 프라이버시 바이 디자인(privacy by design)에 따른 데이터 관리
전략적 파트너십 및 생태계 협력	• 디지털 성숙 개선을 위한 의료 정보 기업과 전략적 파트너십 구축 • 여러 공급업체의 솔루션을 한데 모아 협업 생태계를 구축

[표 9] 의료 분야 디지털 전환을 위한 7가지 핵심 성공 요소

마. 디지털 헬스케어 전망[16]

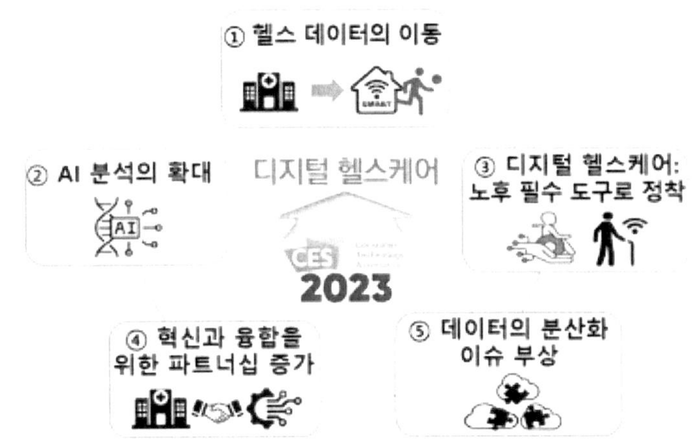

[그림 23] CES 2023를 통해 본 디지털 헬스케어 5대 키워드

1) 헬스 데이터의 이동

디지털 헬스케어의 가장 큰 특징은 가정에서 이루어지는 의료서비스가 크게 증가했다는 점이며, 이는 그동안 의료기관에서 축적되던 건강 관련 데이터가 향후 일상생활 공간으로 더욱 빠르게 이동될 것임을 의미한다.

전문가들은 가정에서 이루어지는 진단과 수집되는 데이터의 분석은 개인의 건강에 대한 불안을 감소시키고 병증 검사 및 진단의 절차를 간소화시킬 수 있는 장점이 있다고 설명한다. 집에 설치된 열 카메라와 음성 바이오 마커로 얻어지는 데이터의 AI 분석은 신경퇴행성 환자 억양과 걸음 패턴의 신속한 진단을 가능하게 하고 대사산물 분석으로 신체의 수분 및 영양 섭취 가이드와 여성건강 사이클을 추적하기도 한다. 또한, 가정 내에서 뿐만 아니라 야외활동에서 원격으로 모니터링되는 심전도를 사용하여 뇌진탕 바이오 마커를 측정 하는 등 스포츠 활동 중 리스크 감지가 가능한 데이터를 측정할 수 있다.

2) AI 분석 확대

AI를 사용하여 방대한 양의 데이터를 신속하게 분석하여 질병 진단의 정확성을 높이고 개인화된 건강 솔루션을 제공하는 경우가 늘어나고 있다. 백신 제조회사인 모더나(Moderna)는 환자들의 건강 데이터를 클라우드로 보내 이들의 모든 염기를 AI를 통해 비교분석하고, 이를 통해 관찰된 돌연변이를 활용하여 개인화된 암 백신이 개발될 수 있을 것이라고 소개하기도 했다.

---

16) CES 2023을 통해 본 미래 디지털 헬스케어, 보험평가원, 2023.02.13

3) 노후 생활을 위한 필수도구로 정착

 고령자들의 독립적이고 즐거운 삶을 위한 자가진단 및 건강 위험관리를 위한 디지털 헬스케어 기기가 증가하고 있다. 특히, 팬데믹 이후 고령자의 디지털 돌봄 서비스에 대한 인식은 크게 높아졌으며, 활동적인 고령자가 늘어날수록 특히 비상의료경보장치(Personal Emergency Response devices; PER)에 대한 수요는 더욱 늘어날 것으로 전망된다.

 휴대폰 사진으로 심박수, 혈압, 스트레스, 혈당을 포함한 약 1,000개의 진단을 제공하는 앱(Nuralogix's Anura App)이나 센서가 장착된 웨어러블 청진기를 통해 흉부소리 및 호흡 수 등 자가진단이 가능하게 하는 기기(Aevic eMD), 몸의 밸런스를 측정해 고령자의 추락사고 확률을 제시하는 앱(Zibrio) 등이 출시되었으며, 전문가들은 고령자들을 위한 디지털 헬스케어 기기가 성공적으로 적용되기 위해서는 단순히 몸이 불편한 노인들을 위한 기기 설계가 아닌 삶을 즐기는 모든 사람들을 위해 설계되어야 함을 강조하고 있다.

4) 파트너십의 증가

 스타트업뿐만 아니라 구글, 마이크로소프트 등의 빅테크, 글로벌 제약회사인 모더나, 글로벌 보험회사인 유나이트헬스, AMA와 같은 의료기관 모두 혁신과 융합을 위한 파트너십을 강조하고 있다. 빅테크 등 기술 기반 기업은 전통적인 의료기관 외 다양한 장소에서 여러 형태로 존재할 수 있는 디지털 개인 건강 정보(PMI)와 기술을 의료 생태계에 전달하여 보다 효율적이고 정교하게 의사결정할 수 있도록 도움을 줄 수 있으며, 전통적인 의료기관 및 의료진들도 이제 디지털 기술 및 데이터의 가치를 수용하려 노력하고 있다.

5) 디지털 건강 데이터의 분산화

 현재 수면 상태, 섭식, 가정 내 혹은 외부 활동 등 다양한 건강 데이터가 각기 다른 플랫폼을 통해 추적·수집되고 있어서 서로 통합하기 어려운 상황이다. 디지털 헬스케어가 새로운 가치를 창출하기 위해서는 디지털 건강 데이터가 표준화되고 통합관리 되어야 할 필요가 있으며, 이를 위해 사용되는 디지털기기 간 연결 그리고 데이터 활용 관련 제도 정비와 규제 도입이 시급하다.

 다양한 형태의 디지털 헬스 데이터는 향후 보험회사의 데이터와 결합하여 다양한 데이터 사업 기회를 확보하는 차원에서도 매우 중요하다. 이를 위해 국내·외 다양한 헬스테크 기업들의 활동을 살펴보고 적극적으로 협력하는 방안을 검토할 필요가 있다.

바. 헬스케어 산업 변화 추세[17]

1) 의료 서비스 유형의 변화

의료 서비스 유형의 변화에 가장 큰 영향을 끼진 것은 바로 헬스케어 산업의 디지털화라고 할 수 있다. 최근 IoT, 빅데이터, 인공지능 등 첨단 기술을 접목한 다양한 디지털 헬스케어 제품들이 시장에 출시되며 적극적인 질병 예방 및 관리가 가능한 환경이 구축되고 있다. 디지털 헬스케어는 ① 사전적인 진단 및 관리, ② 발병에 따른 진단 및 치료, ③ 사후관리와 같이 의료 서비스 전반에 걸쳐서 언제 어디서나 건강 관리를 받을 수 있는 서비스를 제공한다.

대표적으로 해외에서는 웨어러블 디바이스 제조 회사 Fitbit, 글로벌 인공지능(AI) 기반 디지털 헬스케어 기업 AliveCor, 건강관리 플랫폼 기업 noom과 같은 기업들이 웨어러블 디바이스를 이용하여 일상생활에서도 실시간으로 건강데이터를 수집한다. 이후, 수집된 데이터를 바탕으로 질병이 발생하기 이전에 여러 가지 위험 요인이나 건강 상태를 분석하고, 이상징후를 조기에 포착하여 건강관리 서비스를 제공하고 있다.

디지털 헬스케어 서비스는 사전진단뿐만 아니라 스마트병원 환경을 구축하는데도 필수 요소가 되었다. 인고지능 스타트업 Lunit은 딥러닝 기술을 활용해 의료영상 분석을 보조해주는 서비스를 제공하고 있으며, 미국 인공지능 헬스케어 기업 viz.ai는 인공지능 기술을 통해 뇌졸중 초기증상을 사전에 탐지하고 의사에게 알려주면서 위험환자군을 사전에 예측할 수 있다. 뿐만 아니라 디지털 치료제 개발기업 Pear Therapeutics는 인공지능, 챗봇, VR, 게임 등으로 환자를 치료하는 소프트웨어를 제공하고 있다.

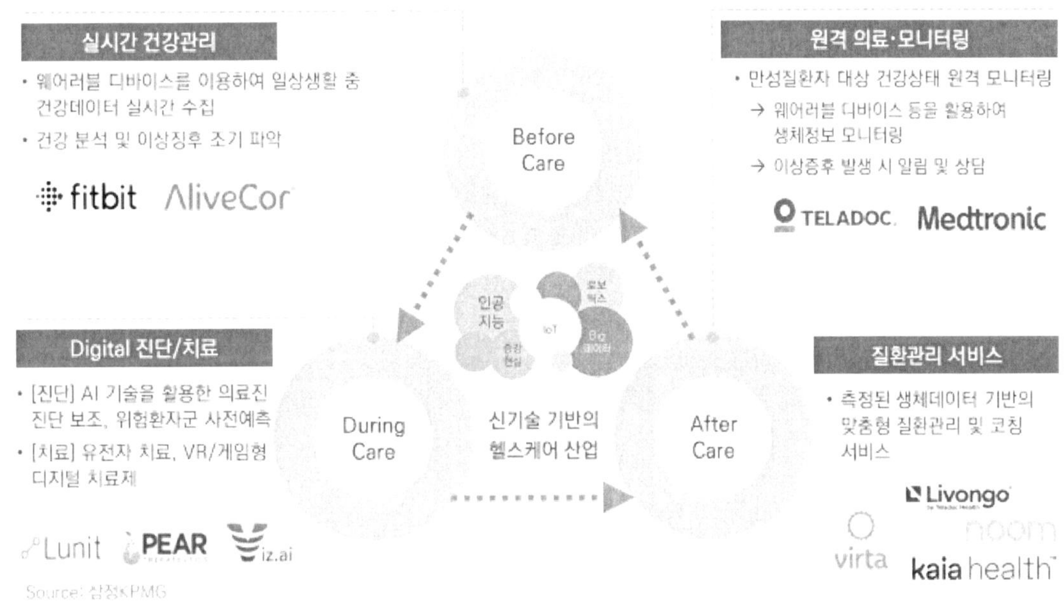

[그림 24] 의료 서비스 전반에 걸친 디지털 헬스케어 활용 예시

---

17) 코로나19 그 이후, 헬스케어 산업에 불어오는 변화의 바람, 삼정 KPMG, 2022.06

사후 관리 서비스를 제공하는 데 있어서도 디지털 기술이 중요한 역할을 하고 있다. 특히 당뇨 등과 같은 만성질환 환자에 대한 모니터링이 용이해졌으며, 최근 팬데믹 상황 속에서 원격진료 서비스는 더욱 빛을 발했다. 미국 원격의료 서비스 회사인 Teladoc은 2020년 당뇨병, 고혈압 등 만성질환의 원격관리로 유명한 Livongo와 합병하면서 서비스 모델이 단발성 화상진료에서 지속적인 만성질환관리로 진화하고 있는 모습이다.

글로벌 의료기기 기업 Medtronic 제1형 당뇨병 또는 인슐린 의존형 당뇨병 등으로 인해 혈당관리가 필요한 환자의 혈당을 5분마다 모니터링하고 그 결과에 따라 인슐린 주입량을 자동으로 조절하는 스마트 의료기기를 개발해 당뇨병 환자들의 사후관리에 도움을 주고 있다.

2) 의료 서비스 대상의 변화

한국은 빠른 속도로 늙어가고 있다. 가장 첫 번째 베이비붐 세대인 1955년생이 2020년 만 65세가 되면서 빠른 속도로 고령인구 계층이 많아지고 있다. UN은 만 65세 이상 인구가 전체 인구에서 7% 이상 차지하게 되면 고령화사회, 14% 이상은 고령사회, 20% 이상은 초고령사회로 정의한다. 한국은 2017년 65세 이상의 인구 비율이 14.2%를 기록하며 고령사회로 진입했다. 심지어 2025년에는 그 비율이 20.3%까지 확대될 것으로 전망되고 있다.

[그림 25] 65세 이상 인구 수 및 인구 비율

OECD 국가 중에서도 한국의 고령화 속도는 상대적으로 빠른 편이다. OECD 38개 국을 대상으로 2016년부터 2020년까지 고령인구 연평균 증가율을 살펴보면 평균적으로 2.50%의 증가율을 보이고 있다. 한편, 한국은 4.74%를 기록하며 코스타리카(5.08%) 다음으로 빠른 수준을 나타냈다.

한국은 시니어의 기대수명의 경우도 OECD 평균보다 2.3세 많은 83.3세를 기록했다. 출산율은 점점 줄어들고 있는 가운데 기대수명이 늘어난 시니어의 비중이 점점 높아지며 초고령사회 진입이 현실이 되어가고 있다. 이와 같은 추세가 지속된다고 가정했을 때, 2040년에는 국민 3명 중 1명이 시니어인 인구 구조가 될 것으로 전망된다. 이와 같이 갑작스러운 고령화 사회 진입으로 인한 노인문제와 노인복지 대책에 대한 이슈가 발생했을 뿐만 아니라, 헬스케업 산업 관점에서도 향후 고령화로 발생할 수 있는 문제를 해결해야 한다는 숙제가 주어졌다.

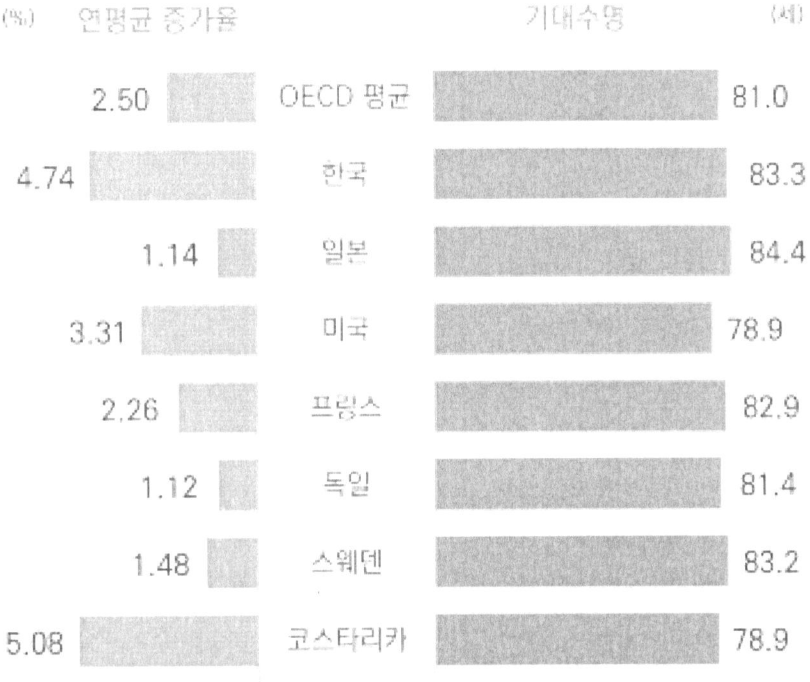

[그림 26] OECD 주요 국가의 고령인구 연평균 증가율 및 기대수명

고령층들은 대부분 급격히 발전하는 디지털기기 사용에 어려움을 겪으면서 디지털 헬스테어 서비스를 온전히 누리지 못하고 소외되고 있다. 실제로 디지털 헬스케어 서비스를 효과적으로 활용하기 위해서는 운영 프로세스별로 필요한 정보통신 기술을 통해 필요한 정보에 접근하고, 더 나아가 이를 적극적으로 활용해서 수용할 수 있는 디지털 리터러시(Digital Literacy) 능력을 갖추어야 한다. 하지만 아날로그에 익숙한 노인들은 디지털기기의 사용에 어려움을 느끼기 때문에 디지털 헬스케어가 활발하게 적용되기에 많은 제약이 있었다.

하지만 장기화된 있는 코로나 19 팬데믹은 그동안 디지털이 불편하고 낯설었던 고령층에게 디지털 리터러시 능력을 높여줬다. 그동안 디지털 헬스케어를 활용할 니즈가 적었던 고령층도 팬데믹 기간 동안 비대면 진료, 홈케어 서비스를 불가피하게 이용해야 하면서 시니어 헬스케어 시장에서의 디지털 전환이 그 어느 때보다 빠르게 진행되고 있는 것이다. 실제로 한국지능 정보사회진흥원에서 조사한 2021년 고령층 디지털정보화 수준 현황을 살펴보면 모든 지표에서 2019년부터 꾸준히 높아지고 있는 모습을 보였다.

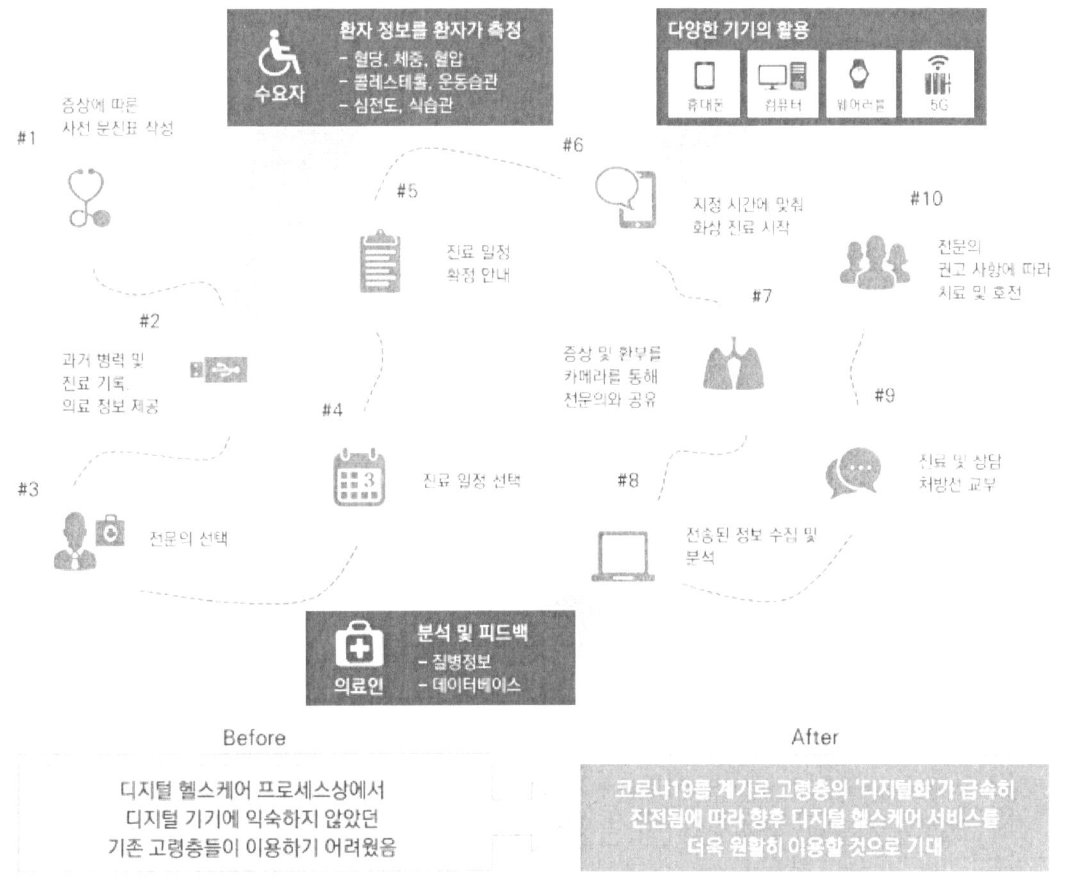

[그림 27] 디지털 헬스케어 운영 프로세스

3. 디지털 헬스케어 시장 동향

3. 디지털 헬스케어 시장 동향

가. 해외 동향[18)19)20)

GIA(Global Industry Analysts)에 따르면, 글로벌 디지털 헬스케어 시장은 2020년 1,520억 달러(약 182조 원)로 세계 반도체 시장 규모인 4,330억 달러의 35%에 해당하는 규모이며, 이후 연평균 성장률 18.8%로 성장하여 2027년 5,090억 달러(약 610조 원) 규모에 이를 것으로 전망된다. 이는 글로벌 제약시장의 평균 성장률 3%과 비교하면 6배가 넘는 큰 성장이다.

GIA는 디지털 헬스케어 산업을 크게 모바일 헬스케어, 디지털 헬스시스템, 헬스분석, 원격의료 4가지 영역으로 구분하고 있는데, 각 영역별로 살펴보면 2021년 말 기준 모바일 헬스케어가 가장 큰 규모를 차지하였고, 디지털 헬스시스템, 헬스분석, 원격의료 순으로 시장을 형성하고 있다. 향후 성장률 측면에서는 원격의료가 연평균 30.8%, 디지털 헬스시스템 20.5%, 헬스분석 18.9%, 모바일 헬스케어 16.6% 순으로 높은 성장추이를 보일 것으로 전망했다.

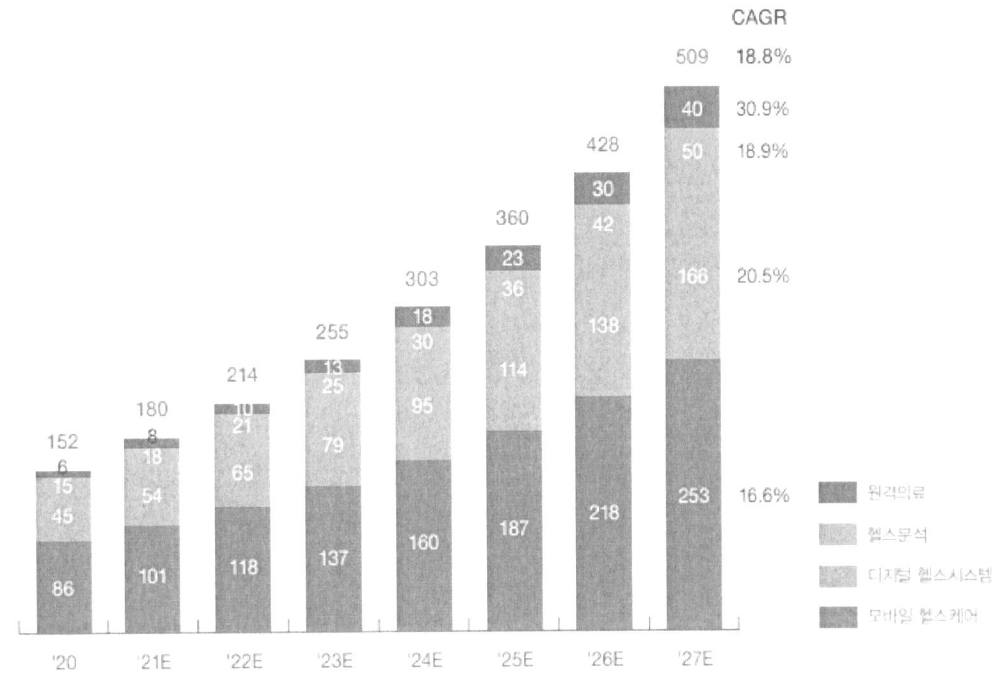

[그림 29] 디지털 헬스케어 글로벌 시장 현황 및 전망 (단위: 십억 달러)

---

18) 디지털 헬스케어의 개화 원격의료의 현주소, PwC Korea, 2022.07
19) 품목별 ICT 시장동향 디지털헬스케어, NIPA, 2022.06.10
20) 품목별 ICT 시장동향 헬스케어, NIPA

　Oliveland Berger와 GTAI에 따르면, 2021년 디지털헬스케어 시장 매출 추정액은 2,680억 달러(약 336조 5,544억 원)으로 2019년 대비 53.1% 성장하였고, 글로벌 디지털 헬스케어 시장은 12.0%의 연평균 성장률을 보이며 2025년 6,570억 달러 규모로 성장할 것으로 전망된다.

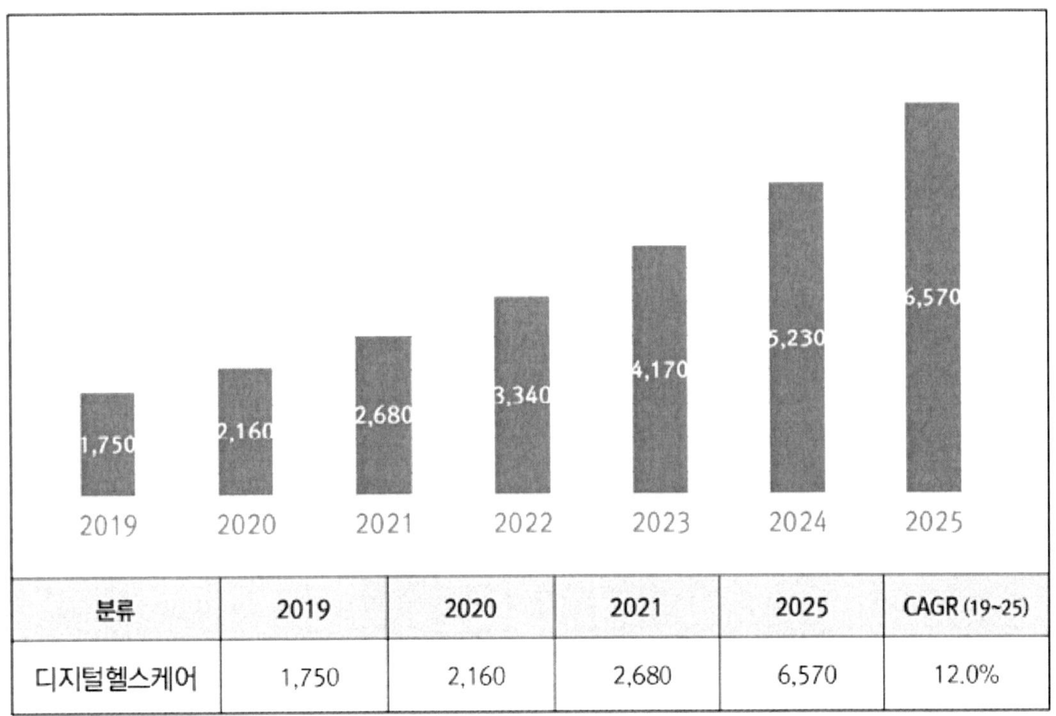

분류	2019	2020	2021	2025	CAGR (19~25)
디지털헬스케어	1,750	2,160	2,680	6,570	12.0%

[그림 30] 2019~2025 디지털헬스케어 시장규모 (단위: 억 달러)

　다음으로 국내 정보통신산업진흥원의 발표에 따르면, 2022년 디지털 헬스케어 시장 매출 추정액은 3,325억 3,000만 달러(약 433조 2,201억 원)로 2032년까지 평균 성장률 19.4%로 성장하여 2032년 1조 6,942억 1,000만 달러(약 2,207조 2,168억 원)에 이를 것으로 전망된다.

1) 국가별 동향

 국가별로 살펴보면, 2020년 기준 미국이 626억 달러로 글로벌 디지털 헬스케어 시장의 41%
이상을 차지하고 있으며, 유럽은 417억 달러로 27%의 비중을 보이고 있다. 중국의 경우 미국
및 유럽 대비 큰 시장 규모를 형성하지는 못했지만, 향후 가장 높은 성장률을 보일 것으로 전
망된다. 중국의 디지털 헬스케어 시장은 2020년 127억 달러에서 연평균 22.8%씩 성장하여
2027년에는 535억 달러 규모에 이르며, 글로벌 시장의 10%를 차지할 것으로 것으로 추정되
며, 이 외 일본과 캐나다도 각각 15.2%, 17.2%의 성장이 전망된다. 디지털 헬스케어 분야에
서 미국, 유럽, 중국의 높은 성장은 각국 정부가 디지털 헬스케어 산업을 적극적으로 지원하
고 있기 때문에 가능한 것으로 보인다.

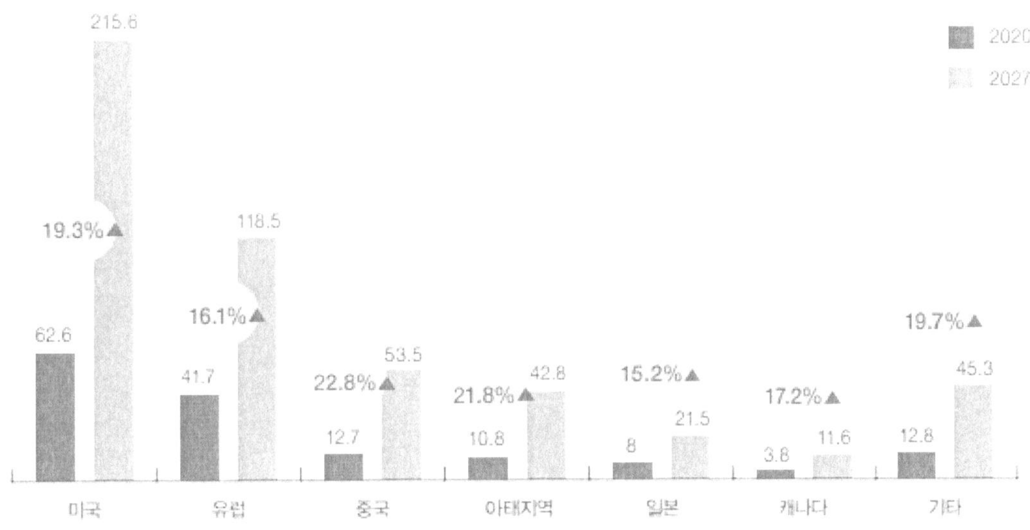

[그림 31] 글로벌 디지털 헬스케어 국가별 산업 규모 및 전망 (단위: 십억 달러)

가) 미국[21]

미국의 디지털 헬스시장은 2021년 기준 전 세계 디지털 헬스시장의 약 39.4%를 차지하며 700억 달러 규모로, 조사기관인 Statist에 따르면 2024년까지 연평균 약 30%의 고성장을 기록할 것으로 전망된다.

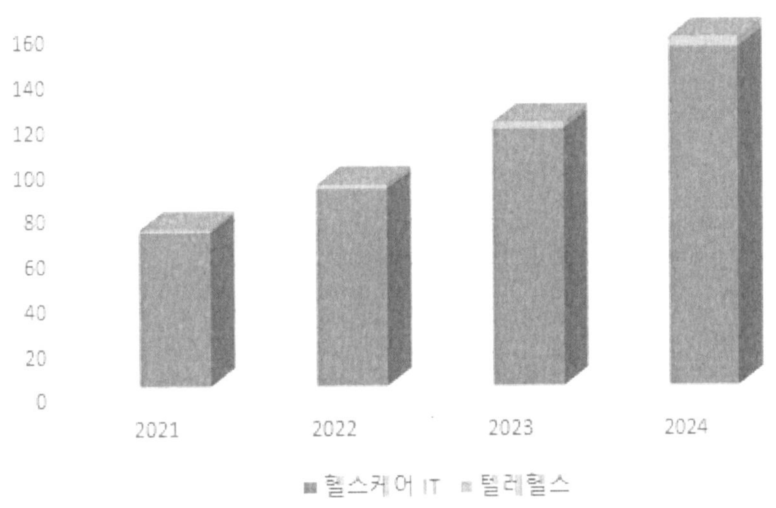

[그림 32] 미국 디지털 헬스케어 시장 규모 (단위: 십억달러)

나) 중국[22]

중국 저장성은 헬스케어 시장 규모 전국 3위를 기록한 지역으로, 대건강 산업을 중점 육성 산업으로 지정하고, 의료서비스, 양로, 건강관리, 건강정보, 의료관광과 문화, 의료장비 및 기계, 의약 및 건강식품, 헬스케어 8개 분야의 발전을 적극 지원하고 있다.

중국 즈옌잔산업연구원에서 조사한 결과에 따르면, 저장성 헬스케어 시장규모는 2021년 전년 대비 7% 증가한 1조592억1,600만 위안(약 204조 원)을 기록했고, 이후 2028년까지 지속적으로 성장하여 시장규모가 1조9,602억 위안(약 378조 원)까지 확대될 것으로 전망된다.

21) 미국 바이오 산업 트렌드 - 디지털 헬스, KOTRA, 2022.06.15
22) 저장성 헬스케어 시장 세 가지 트렌드, KOTRA, 2023.05.08

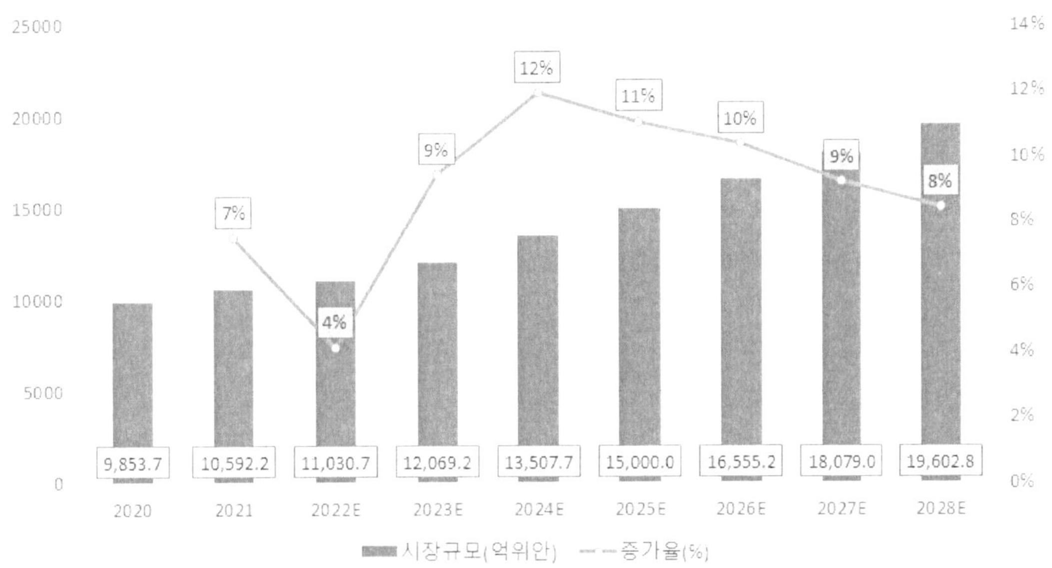

[그림 33] 2020-2028년 저장성 헬스케어 시장 규모

다) 이집트[23]

중동-북아프리카 지역에서 전망되는 이집트의 디지털 헬스케어 시장 규모는 타 중동-북아프리카 국가들에 비해 큰 편으로 보여진다. Statista 자료에 따르면 이집트의 2023년 디지털 헬스케어 시장 규모 전망치는 약 9억7000만 달러이다. 중동-북아프리카 지역 내에서는 금액규모 기준, 튀르키예 다음으로 2위를 차지하는 것으로 전망된다. PwC에 따르면 이집트 정부는 의료영역을 포함한 산업 전 영역의 디지털화를 위해 2030년까지는 GDP의 7.7%가 인공지능(AI)으로부터 창출되는 것을 목표로 한다.

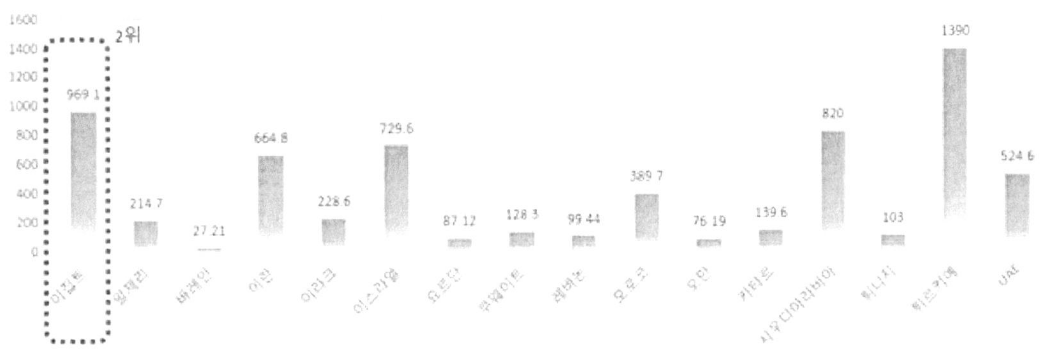

[그림 34] 2023년 중동-북아프리카 국가 디지털 헬스케어 매출 규모 전망(단위: 백만 달러)

---

23) 이집트 디지털 헬스케어 시장동향, KOTRA, 2023.03.20

나. 국내 동향24)25)

 산업통상자원부는 최근 '2021년 국내 디지털 헬스케어 산업 실태조사' 결과를 발표했다. 매
출의 경우 2021년 기준 1조 8,227억 원으로 2020년 대비 34.6% 성장한 것으로 조사되었다.

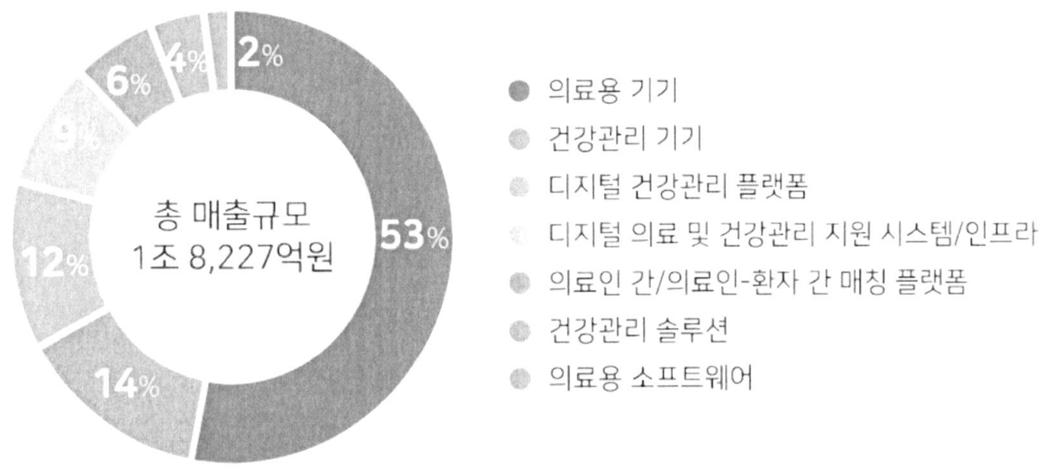

[그림 35] 디지털 헬스분야 분야별 매출 규모

특히 의료용기기 매출이 9,731억 원으로 가장 높았으며, 그 뒤를 건강관리 기기(2,546억 원),
디지털 건강관리 플랫폼(2,250억 원)이 차지했다.

구분	매출(억 원)	비중
의료용 기기 *SiMD(Software in Medical Device), 전자약 등	9,731	53.4%
건강관리 기기 *웨어러블 기기, 생체데이터 수집 센서 등	2,546	13.9%
디지털 건강관리 플랫폼 *마켓플레이스형, 웰니스플랫폼	2,250	12.3%

[표 10] 2021년 디지털헬스케어산업 매출 주요 품목

 2022년 이후의 국내 시장에 대한 최신 자료가 부재한 상황에서, 2020년 한국보건산업진흥원
은 전문가 설문조사를 통해 국내 시장의 향후 5년 성장률을 15.3%로 예상하였는데, 이는 글
로벌 성장률 18.8%보다 낮은 수준이며, 이러한 추세가 지속될 경우 글로벌 시장에서 한국이
차지하는 비중은 1% 이하로 미미한 수준일 것으로 보인다. 국내 의약품 시장의 규모가 글로
벌 대비 2% 수준인 것에 비하면, 국내 디지털 헬스케어 산업은 걸음마 단계이다.

---

24) 디지털 헬스케어의 개화 원격의료의 현주소, PwC Korea, 2022.07
25) 2021년 국내 디지털 헬스케어 산업 실태조사, 산업통상자원부

특히, 앞서 살펴본 '2021년 국내 디지털헬스케어산업 실태조사' 결과에 따르면, 2021년 국내 디지털헬스케어 산업 매출은 전년대비 34.6% 성장한 총 1조8227억원을 기록했으나, 같은 해 글로벌 디지털헬스케어 산업 규모는 총 230조원으로 추산된다. 이를 바탕으로 살펴보면, 우리나라 디지털헬스케어 산업이 글로벌 시장에서 차지하는 비중이 1%에도 미치지 못하는 고작 0.8% 수준에 불과한 것이다.[26]

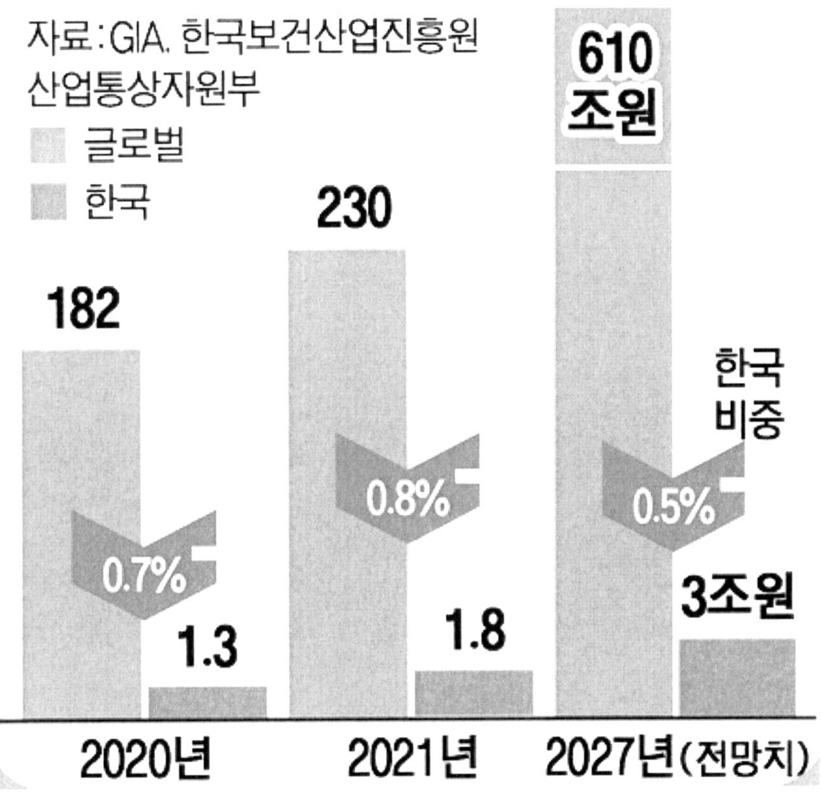

[그림 36] 디지털헬스케어산업 규모 비교

---

26) 한국 디지털헬스케어, 글로벌 비중 '0%대', 에너지경제신문, 2023.04.02

다. 세부분야별 시장 동향
1) 원격의료 시장 동향
가) 해외 동향

시장조사기관 Statista에 따르면, 글로벌 원격의료 시장은 2019년 460억 달러에서 2026년 1,760억 달러로 연평균 21.3%의 높은 성장이 전망된다. 원격의료는 장소의 제약 없이 빠른 의료서비스를 제공받을 수 있다는 점이 특징적이다. 따라서 의료 자원이 부족한 중국과 의료 접근성이 낮은 미국 등의 국가에서 원격의료에 대한 수요가 매우 높다.[27]

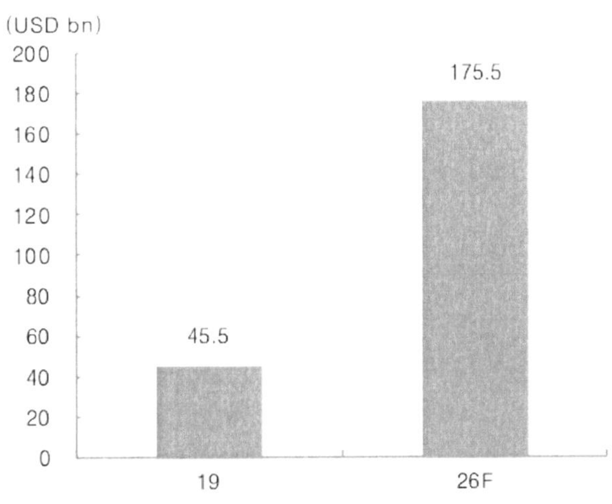

[그림 37] 세계 원격의료 시장 전망

시장조사기관 마켓앤마켓에 따르면, 전 세계 원격의료 시장은 2019년 254억 9,000만 달러에서 연평균 성장률 16.9%로 증가하여, 2025년에는 556억 1,000만 달러에 이를 것으로 전망된다.[28]

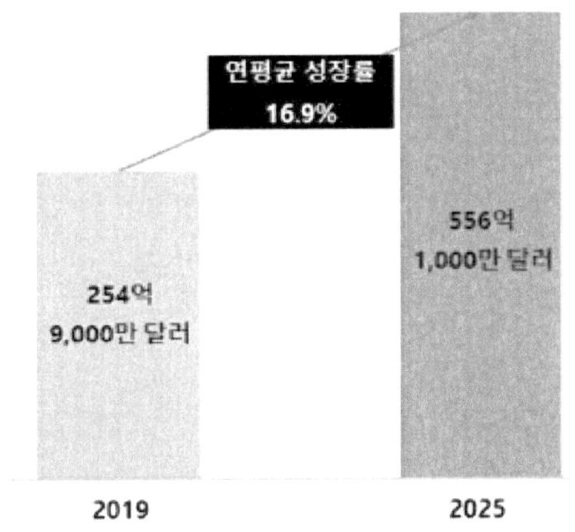

[그림 38] 글로벌 원격의료 시장 규모 및 전망

---

27) VI. 원격의료: 코로나 시대의 새로운 의료 트렌드, 대신증권
28) 원격의료 시장, 연구개발특구진흥재단, 2020.12

또한, 마켓앤마켓에 따르면, 전 세계 원격 환자 모니터링 시장도 2020년 223억 4,860만 달러에서 연평균 성장률 38.3%로 증가하여, 2025년에는 1,131억 1,080만 달러에 이를 것으로 전망된다.[29)

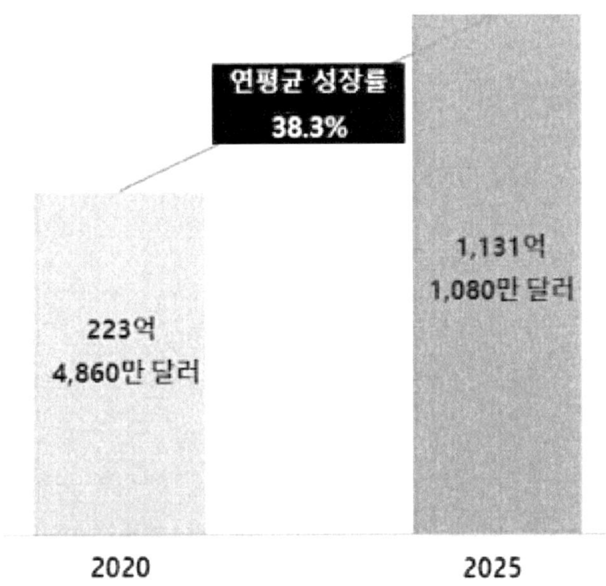

[그림 39] 글로벌 원격 환자 모니터링 시장 규모 및 전망

코로나 19 확산으로 인한 확진자의 폭발적인 급증으로 의료시스템이 마비되고 전염에 대한 공포로 환자들이 내원을 기피하는 현상이 발생했다. 또한, 다수 국가에서 외출 금지, 사회적 거리 두기가 시행되며 안전하게 의료서비스를 받을 수 있는 원격의료에 대한 수요가 급증하였다.

코로나 19로 인해 원격의료의 기반이 되는 온라인 플랫폼 이용량이 빠르게 증가했다. 코로나 19가 미국 전역에 확산된 4월, 원격의료 기업 Allyhealth의 원격 응급진료 이용률은 직전 2주 대비 약 150% 증가하였으며, 미국 원격의료 선도업체인 텔라닥은 전월 동기 대비 약 100% 증가한 일평균 2만 건의 원격진료 서비스를 제공했다.

중국에서도 코로나 19 사태 이후 온라인 의료 상담 플랫폼의 사용 증가 현상이 나타났다. Bain&Company에 따르면, 2020년 1월 중국 핑안굿닥터의 신규 유저와 방문자는 전월 대비 각각 900%, 800% 증가했다. 또한, 중국 원격의료 어플리케이션 딩샹위안의 원격의료 상담 수와 원격의료 이용자도 전월 대비 각각 134.9%, 215.3%로 증가하며 원격의료 이용은 큰 폭으로 증가했다.

---

29) 원격 환자 모니터링 시장, 연구개발특구진흥재단, 2021.03

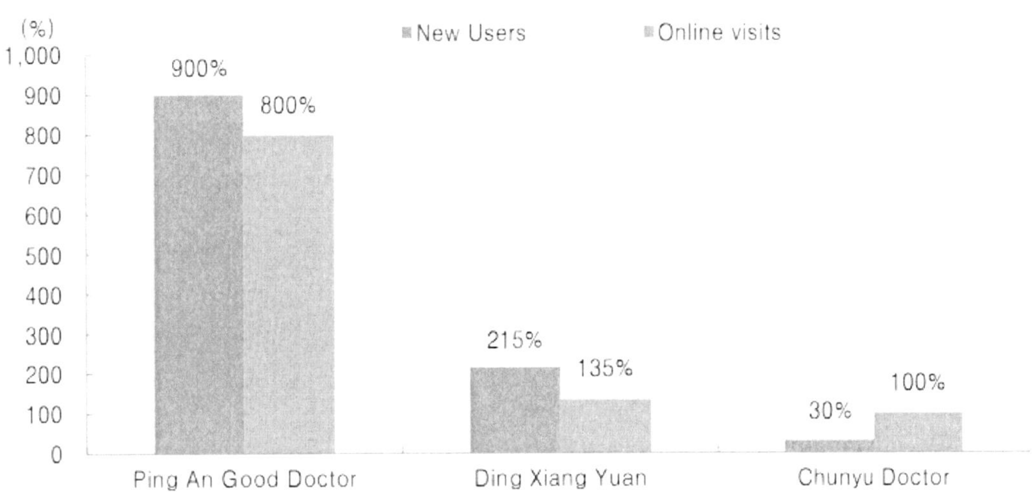

[그림 40] 코로나 19로 중국 원격의료 플랫폼 사용 증가

Grand View Research에 따르면, 원격의료 제품과 서비스를 포함하는 글로벌 시장 규모는 연평균 성장률 15.1%로 성장하여 2019년 414억 달러에서 2027년 1,551억 달러로 증가할 전망이다.[30)]

---

30) 비대면 시대, 비대면 의료 국내외 현황과 발전방향, KISTEP Issue Paper, 2020

(1) 세부항목별 시장 규모[31]

 전 세계 원격의료 시장은 구성요소에 따라 소프트웨어 서비스 및 하드웨어로 분류할 수 있
다. 소프트웨어 서비스 시장은 2020년 182억 5,920만 달러에서 연평균 성장률 16.2%로 증가
하여, 2025년에는 386억 5,310만 달러에 이를 것으로 전망되며, 하드웨어 시장은 2020년 72
억 3,090만 달러에서 연평균 성장률 18.6%로 증가하여, 2025년에는 169억 5,550만 달러에
이를 것으로 전망된다.

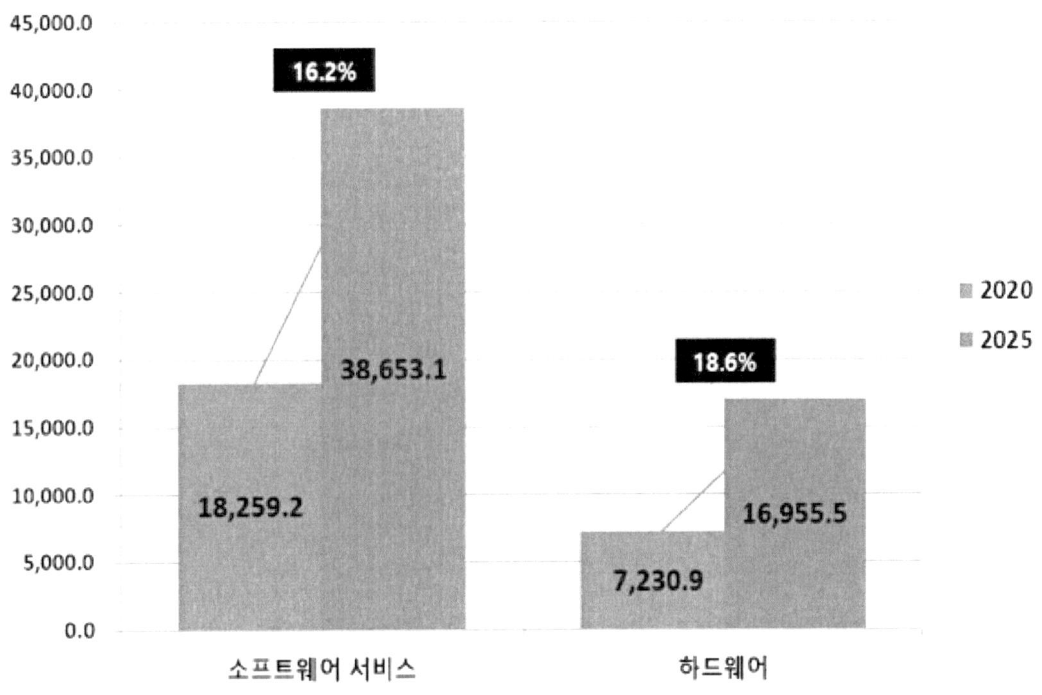

[그림 41] 글로벌 원격의료 시장의 종류별 시장 규모 및 전망 (단위: 백만 달러)

 전 세계 원격의료용 소프트웨어 서비스 시장은 구성요소에 따라, 원격 환자 모니터링, 실시
간 상호작용 및 축적 전송(STORE-AND-FORWARD)으로 분류할 수 있다. 원격 환자 모니터
링 시장은 2020년 105억 5,620만 달러에서 연평균 성장률 15.9%로 증가하여, 2025년에는
221억 2,200만 달러에 이를 것으로 전망되며, 실시간 상호작용 시장은 2020년 57억 8,450만
달러에서 연평균 성장률 19.1%로 증가하여, 2025년에는 138억 4,690만 달러에 이를 것으로
전망된다. 마지막으로 축적 전송 시장은 2020년 19억 1,850만 달러에서 연평균 성장률 6.9%
로 증가하여, 2025년에는 26억 8,420만 달러에 이를 것으로 전망된다.

---

31) 원격의료 시장, 연구개발특구진흥재단, 2020.12

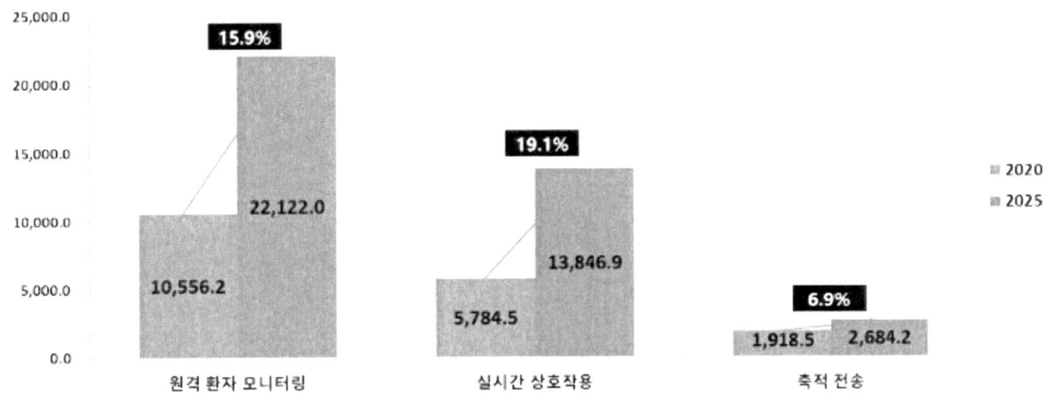

[그림 42] 글로벌 원격의료용 소프트웨어 서비스 시장의 구성요소별 시장 규모 및 전망
(단위: 백만 달러)

전 세계 원격의료 시장은 제공 형태에 따라 클라우드 기반 및 온프레미스(On-premise)로 분류된다.

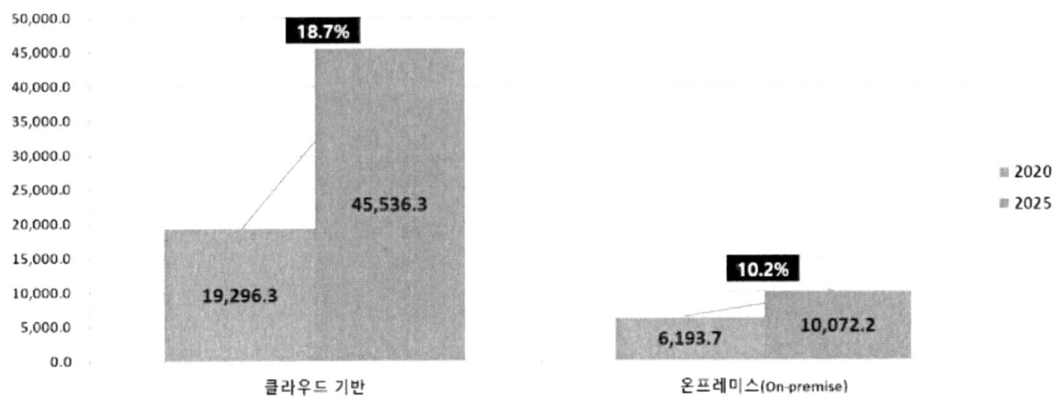

[그림 43] 글로벌 원격의료 시장의 제공 형태별 시장 규모 및 전망
(단위: 백만 달러)

클라우드 기반 시장은 2020년 192억 9,630만 달러에서 연평균 성장률 18.7%로 증가하여, 2025년에는 455억 3,630만 달러에 이를 것으로 전망되며, 온프레미스(On-premise) 시장은 2020년 61억 9,370만 달러에서 연평균 성장률 10.2%로 증가하여, 2025년에는 100억 7,220만 달러에 이를 것으로 전망된다.

전 세계 원격의료 시장은 용도에 따라 원격 방사선과, 원격 정신과, 원격 뇌졸중 치료, 원격 ICU(Intensive Care Unit), 원격 피부과, 원격 의료 상담 및 기타 용도로 분류할 수 있다. 원격 방사선과 시장은 2020년 58억 1,780만 달러에서 연평균 성장률 15.8%로 증가하여, 2025년에는 121억 3,930만 달러에 이를 것으로 전망되며, 원격 정신과 시장은 2020년 45억 2,090만 달러에서 연평균 성장률 16.8%로 증가하여, 2025년에는 98억 4,410만 달러에 이를 것으로 전망된다.

다음으로 원격 뇌졸중 치료 시장은 2020년 36억 4,730만 달러에서 연평균 성장률 18.4%로 증가하여, 2025년에는 84억 8,230만 달러에 이를 것으로 전망되며, 원격 ICU 시장은 2020년 31억 2,290만 달러에서 연평균 성장률 18.0%로 증가하여, 2025년에는 71억 5,610만 달러에 이를 것으로 전망된다. 원격 피부과 시장은 2020년 31억 1,910만 달러에서 연평균 성장률 16.4%로 증가하여, 2025년에는 66억 5,070만 달러에 이를 것으로 전망되며, 원격 의료 상담 시장은 2020년 30억 360만 달러에서 연평균 성장률 16.0%로 증가하여, 2025년에는 63억 380만 달러에 이를 것으로 전망된다. 마지막으로 기타 용도 시장은 2020년 22억 5,840만 달러에서 연평균 성장률 17.4%로 증가하여, 2025년에는 50억 3,220만 달러에 이를 것으로 전망된다.

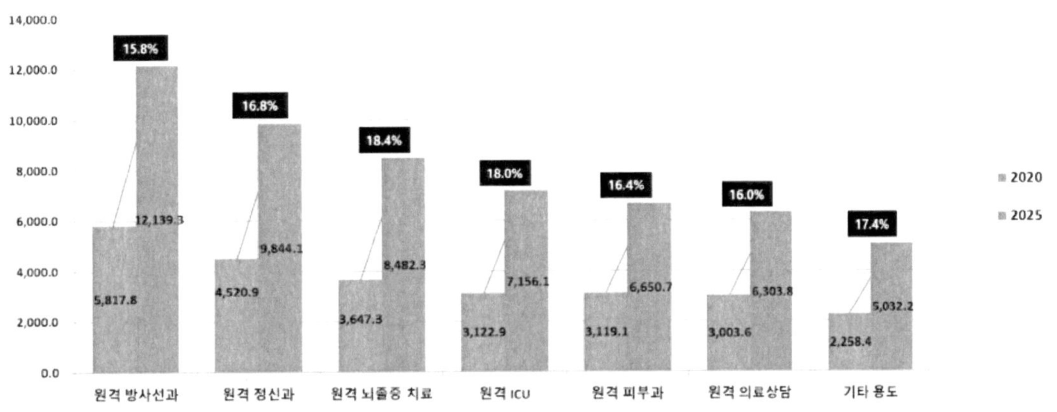

[그림 44] 글로벌 원격의료 시장의 용도별 시장 규모 및 전망
(단위: 백만 달러)

전 세계 원격보건 및 원격의료 시장은 최종 사용자에 따라, 의료제공자, 보험자, 환자 및 기타 최종 사용자로 분류할 수 있다.

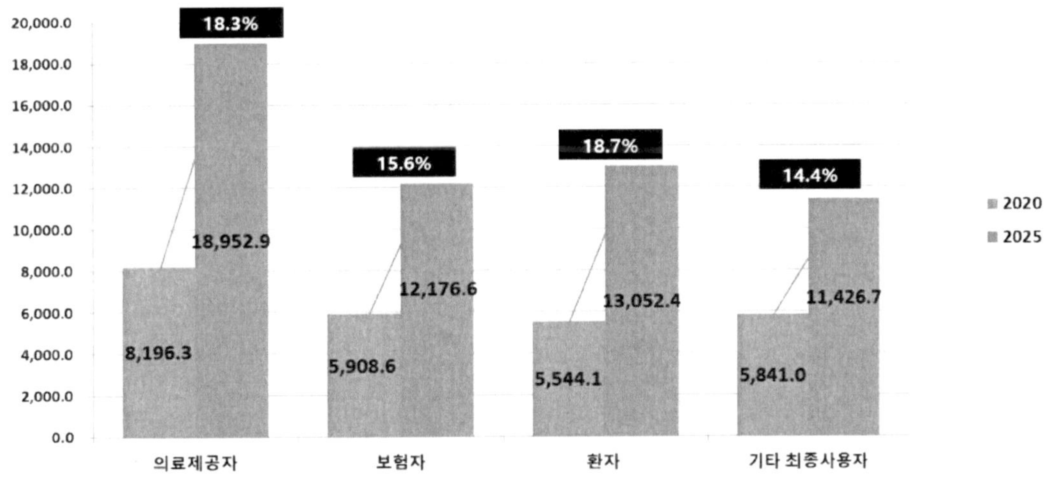

[그림 45] 글로벌 원격의료 시장의 최종 사용자별 시장 규모 및 전망
(단위: 백만 달러)

  의료제공자 시장은 2020년 81억 9,630만 달러에서 연평균 성장률 18.3%로 증가하여, 2025년에는 189억 5,290만 달러에 이를 것으로 전망되며, 보험자 시장은 2020년 59억 860만 달러에서 연평균 성장률 15.6%로 증가하여, 2025년에는 121억 7,660만 달러에 이를 것으로 전망된다. 다음으로, 환자 시장은 2020년 55억 4,410만 달러에서 연평균 성장률 18.7%로 증가하여, 2025년에는 130억 5,240만 달러에 이를 것으로 전망되며, 마지막으로 기타 최종 사용자 시장은 2020년 58억 4,100만 달러에서 연평균 성장률 14.4%로 증가하여, 2025년에는 114억 2,670만 달러에 이를 것으로 전망된다.

(2) 지역별 시장 규모[32)]

전 세계 원격의료 시장을 지역별로 살펴보면, 2019년을 기준으로 북미지역이 61.4%로 가장 높은 점유율을 나타냈다.

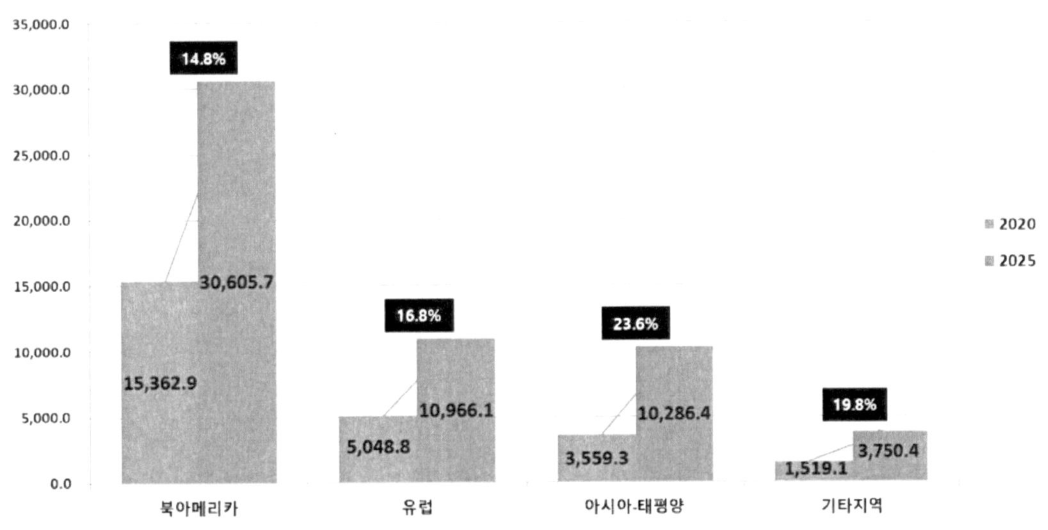

[그림 46] 글로벌 원격의료 시장의 지역별 시장 규모 및 전망
(단위: 백만 달러)

북아메리카 지역은 2020년 153억 6,290만 달러에서 연평균 성장률 14.8%로 증가하여, 2025년에는 306억 570만 달러에 이를 것으로 전망되며, 유럽지역은 2020년 50억 4,880만 달러에서 연평균 성장률 16.8%로 증가하여, 2025년에는 109억 6,610만 달러에 이를 것으로 전망된다. 다음으로 아시아-태평양 지역은 2020년 35억 5,930만 달러에서 연평균 성장률 23.6%로 증가하여, 2025년에는 102억 8,640만 달러에 이를 것으로 전망되며, 마지막으로 기타 지역은 2020년 15억 1,910만 달러에서 연평균 성장률 19.8%로 증가하여, 2025년에는 37억 5,040만 달러에 이를 것으로 전망된다.

---

32) 원격의료 시장, 연구개발특구진흥재단, 2020.12

(3) 국가별 동향
(가) 미국

 원격의료는 미국 의료체계의 고질적인 문제 해결의 대안으로 주목받고 있다. 미국 헬스케어 시스템은 베이비부머 세대 은퇴로부터 촉발된 고령 인구 확대 흐름 속에서 의사 부족 현상과 높은 의료비용 대비 낮은 서비스 품질이라는 문제를 안고 있다.

 2018년 기준 미국 인구 1,000명당 의료진은 2.69명으로 OECD 평균 2.9명에 미치지 못한다. 이는 유럽지역의 선진국인 독일(4.25명), 이탈리아(3.99명), 프랑스(3.17명) 대비 낮은 수준이다. 이러한 의사 부족 현상은 오바마 케어로 진료대상이 급증한 반면 의료진 공급 확대는 제한적이기 때문으로 보이며, 향후 의료진 부족 현상 심화도 전망된다.

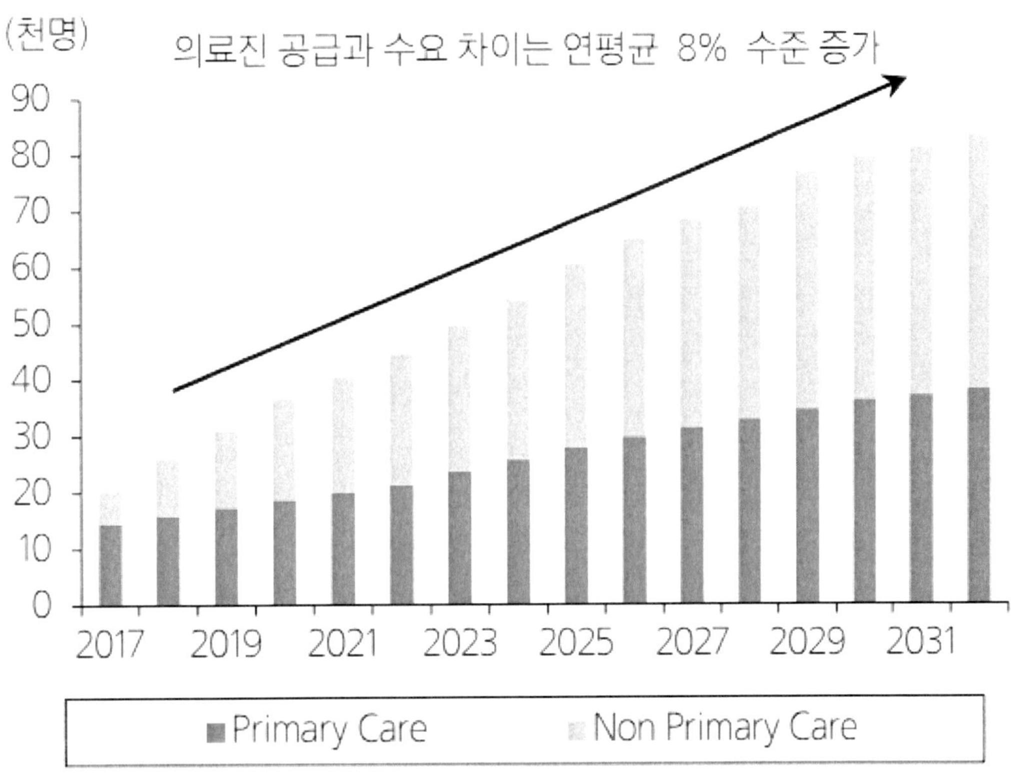

[그림 47] 미국 의료진 부족 전망

 AAMC(Association of American Medical Colleges)는 2032년 미국 내 부족 의료진(수요와 공급 차이)을 4.7만 명에서 12.2만 명 수준으로 전망했다(평균 8.3만 명). 이는 2019년(평균 3.1만 명) 대비 연평균 8%씩 증가해 2배 이상 확대를 가정한 전망치다. 연도별 전망 범위 평균값을 기반으로 Primary Care는 3.8만 명, Specialty는 4.5만 명 수준의 의료진 부족을 예상했다.

미국의 1인당 의료비용은 1만 586달러로 OECD 회원국 중 가장 높다. 이는 OECD 평균 (3,994달러) 대비 2.7배에 달한다. GDP 대비 경상 의료비 비중도 17.1%로 가장 높다(OECD 평균 8.8%). 이는 미국 헬스케어 시스템 곳곳에 자리 잡은 자유경쟁 요소 영향이 크다. 건강 보험이 없는 사람(Uninsured) 비중도 상당(2018년 기준 8.9%)하며 보유 건강보험 커버리지 외 의료서비스를 받는 경우 비용이 기하급수적으로 상승한다. 결국, 의료진 부족과 연계되어 비용 대비 제공받는 서비스는 부족하다는 비판으로 이어진다.

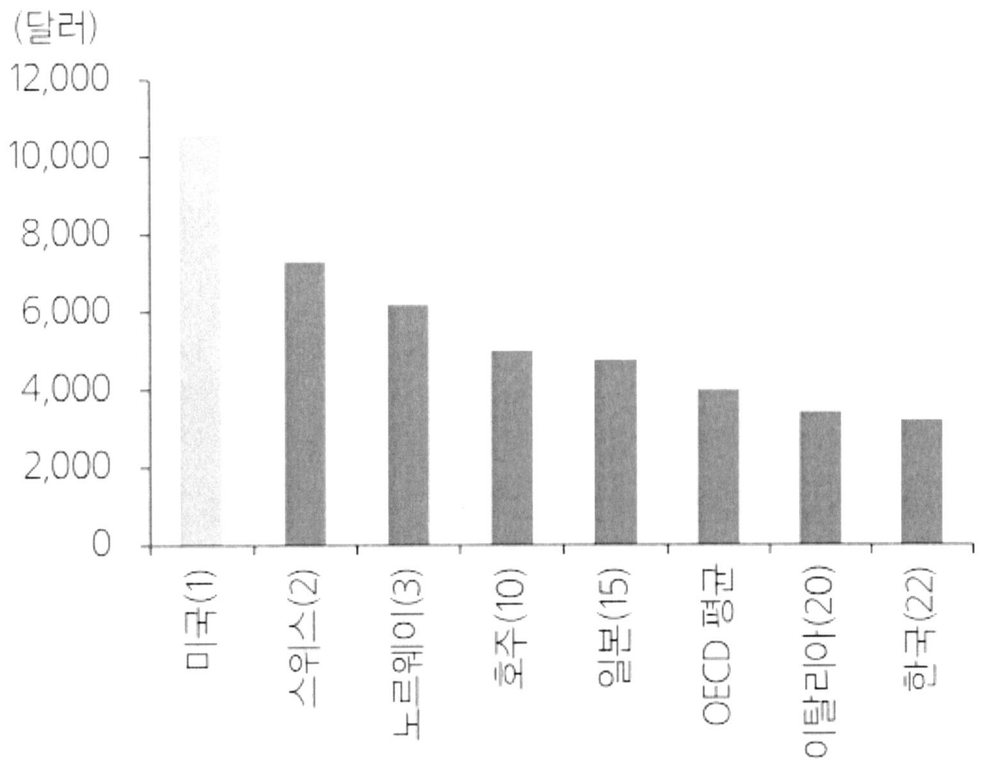

[그림 48] OECD 주요국 1인당 의료 관련 지출 비교

원격의료는 의료진 자원의 효율적인 분배를 통해 의사 부족 현상을 해소할 수 있다. 건강보험 기업 UnitedHealth에 따르면 응급실 진료의 25%는 원격의료로도 충분히 대응 가능한 질병이었다. 원격의료를 통해 진료 시간이 단축될 수 있어 자연스럽게 의료서비스 퀄리티의 개선도 기대할 수 있다. 또한, 오프라인 진료 대비 낮은 진료비용을 통해 의료비용 문제를 해결할 수 있다.

UnitedHealth가 조사한 평균 원격의료 진료비용은 $50 수준으로 평균 Urgent Care 진료비용($130) 및 응급실 진료비용($740) 대비 상당히 저렴하다. 원격의료의 비용 감소 효과가 명확하기 때문에 기업이나 보험사의 확대 도입 유인이 충분하고 정책적인 지지도 받을 수 있다. 특히 약가 인하를 포함한 트럼프 행정부 헬스케어 정책들은 궁극적으로 의료비용 감소를 목표로 하고 있는데, 이는 원격의료 도입과 목표하는 바가 일치한다.[33]

33) Teladoc Health, 삼성증권, 2020.05.08

　시장조사기업 IBIS World에 따르면 미국의 원격의료 서비스 시장은 지난 5년간 연평균 34.7%의 폭발적 성장을 지속해 2019년 시장 규모가 24억 달러에 달했다. 통신 및 의료기술의 발전으로 웨어러블 모니터링 장치, 디지털화된 의료용 이미지 등이 개발되며 원격의료 서비스 시장의 성장이 촉진되고 있으며, 막대한 의료비용, 의료서비스 인력 부족, 만성질환을 겪는 고령 인구의 증가 등 미국 헬스케어 시스템의 문제 해결을 위해 원격의료 서비스가 더욱 주목받고 있다.[34]

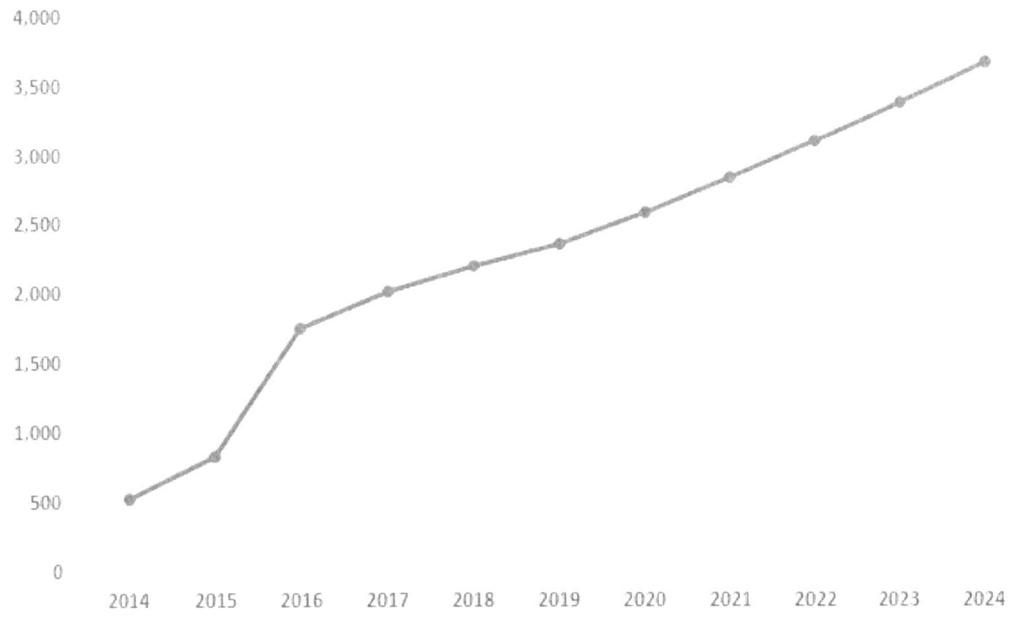

[그림 49] 미국 원격의료 서비스 시장 규모 및 전망 (단위: 백만 달러)

---

34) 미국 원격진료 서비스 시장동향, 대한무역투자진흥공사, 2020.03.26

(나) 중국

 중국 의료의 가장 큰 문제는 의료 쏠림현상이 심화되고 있다는 것이다. 중국은 크게 병원을 1급~3급으로 구분하는데, 8%에 불과한 3급 병원에 전체 의료수요의 50%가 몰리고 있다. 이로 인해 3시간을 기다려 평균 8분 정도밖에 진료를 받지 못하고 있다.

 의료 쏠림현상의 가장 근본적인 이유는 2가지로 ① 의료 자원 부족과 ② 민영 병원에 대한 낮은 신뢰 때문이다. OECD 통계에 따르면, 중국의 1,000명당 의사 수는 2.0명으로 한국(2.3명), 미국(2.6명), 영국(2.8명) 등 선진국은 물론 OECD 회원국 평균인 3.4명도 하회하는 수준이다. 더욱이 중국에서 의사는 우대받거나 선망받는 직업이 아니다. 대부분 고급인력들은 창업이나 IT 관련된 직종에 종사하기를 원한다.

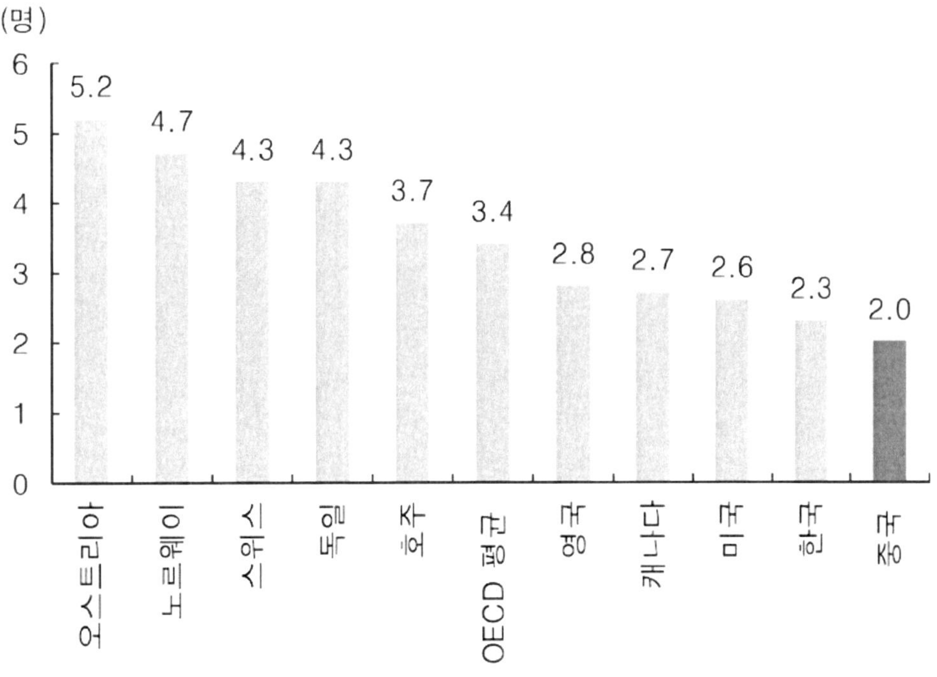

[그림 50] 글로벌 주요국의 인구 1,000명당 의사 수 비교(2017년)

 중국 내 의사의 임금 수준도 낮은 수준이다. 2014년 중국 국가통계국 발표에 따르면 중국 의사 평균 월급이 85만 원 수준이었다. 그러다 보니 의료에 대한 신뢰도가 전반적으로 낮다. 의료 자원이 절대적으로 부족한 상황에서 민영 병원에 대한 낮은 신뢰로 인해 큰 병원과 공립 병원으로 의료 수요가 몰리는 것이다. 이런 상황에서 중국의 의료 관련 지출은 연평균 9.4% 상승하여 2026년에는 약 11.4조 위안에 이를 것으로 추정되고 있다.

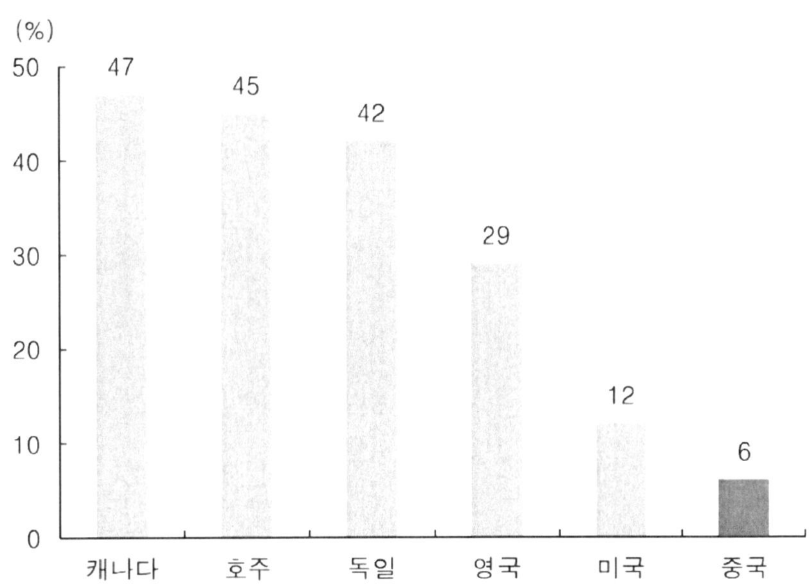

[그림 51] 글로벌 주요국의 전체 직업 의사 중 일반의 비중 비교(2017년)

중국에서는 기존 의료 자원을 최대한 효율적으로 활용하는 것이 현재로서는 최선의 대안으로 보인다. 의료인력 육성은 통상 10년 이상이 소요되는 점에서 빠르게 공급하기가 어렵고, 직업 선호도를 고려할 때 대규모로 수요가 몰리는 것을 기대하는 것도 어렵기 때문이다. 이로 인해 중국은 분급 진료와 원격의료를 권장하고 있다.

분급 진료는 일종의 의료전달체계로 경증 환자는 1급, 중증환자는 3급 병원을 이용하도록 하여 환자를 분산시키는 것이다. 분급 진료와 원격의료는 경증 환자 진료에 활용될 수 있어 의료수요를 분산시키고, 의료 자원의 효율성을 극대화시키는데 도움을 줄 수 있다.

분류	역할	병상 수	병상당 의료인력	기타
3급 병원	• 응급, 중증, 난치성 질환 대상 • 학술연구가 필요한 분야 연구	500개 이상	의사 1.03명 간호사 0.4명	• 응급실, 중환자실 필요 • 모든 진료과목
2급 병원	• 회복기, 안정기 환자 대상 • 전문 진료가 필요한 질환 대상	100~499개	의사 0.88명 간호사 0.4명	• 응급실 불필요
1급 병원	• 일반적 초진, 진단이 분명한 일반 질환 대상 • 만성질환자 (고혈압, 당뇨병) 관리 • 재활 및 공공 위생 (예방접종 포함) 담당	20~99개	의사 3명 간호사 5명	• 내과, 외과, 산부인과 • 엑스레이 필요

[표 11] 중국 분급 진료 시스템 세부내용

중국에서 원격진료는 현재 전체 진료의 10% 정도를 차지하고 있는 것으로 추정되며 2025년
전체 진료의 26%까지 상승하여 948억 위안 규모로 성장할 것으로 예상된다.

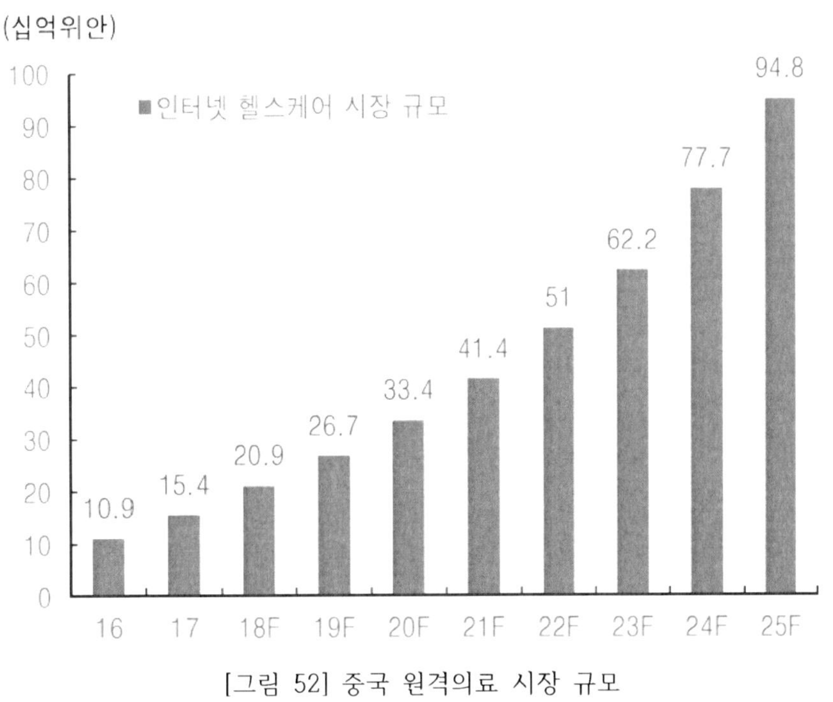

[그림 52] 중국 원격의료 시장 규모

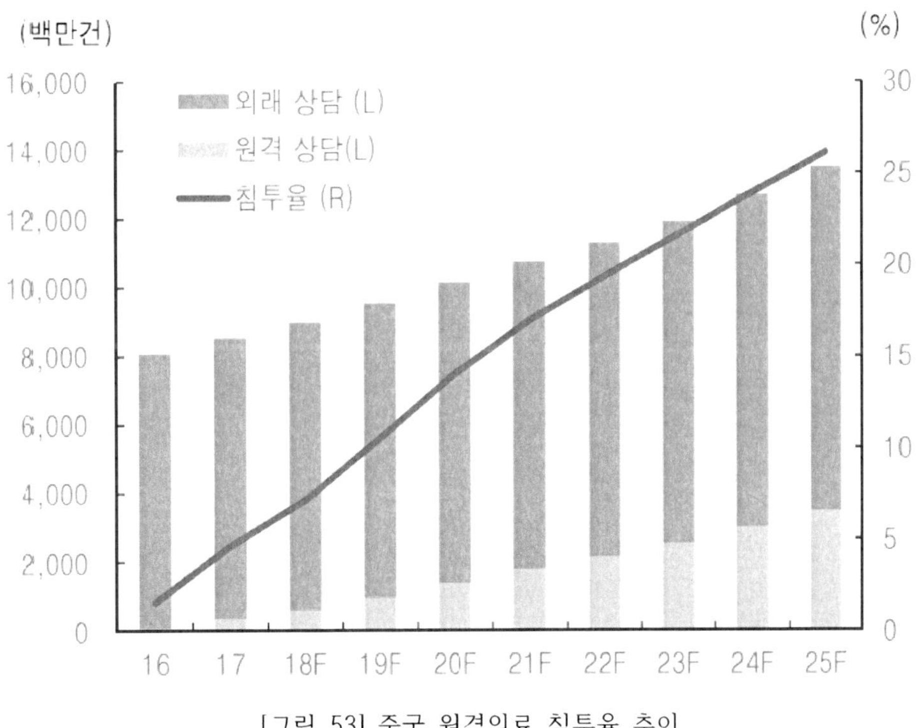

[그림 53] 중국 원격의료 침투율 추이

나) 국내 동향[35]

 현재 국내의 원격의료 산업이 규제에 막혀 있어, 디지털 헬스 산업 시장을 통해 향후 원격의료 산업을 전망해보고자 한다. 국내 디지털 헬스케어 시장은 2018년 1.9조 원에서 연평균 약 16.13%의 성장률을 보이며 2026년 약 6.3조에 달할 것으로 전망된다. 또한, 코로나 19 확산을 계기로 디지털 헬스케어 시장 성장은 대기업을 중심으로 급성장할 것으로 전망된다.[36]

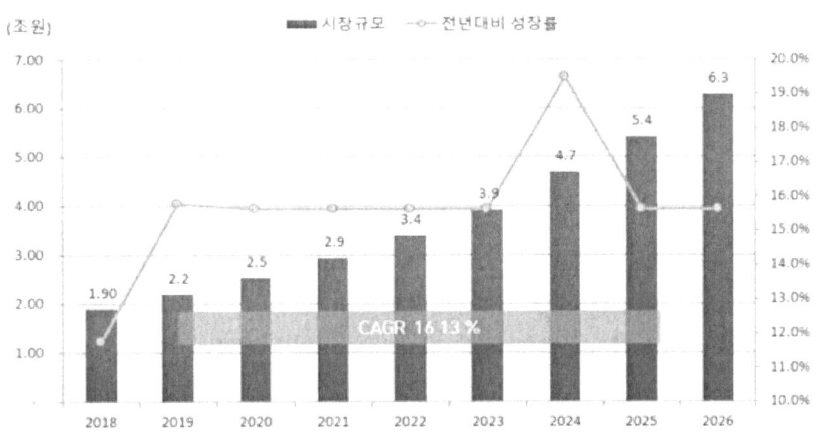

[그림 54] 국내 디지털 헬스케어 시장 규모 및 전망

 세계 디지털 헬스 산업 전망치에 대한 동의 정도는 대부분 높게 나타났지만, 국내 전망은 세계 전망치와 비교 시 다소 동일하지 않게 움직인다고 전망되었다. 이는 국내 법과 제도가 산업을 활성화하는 방향으로 설정되어 있지 않기 때문이다. 세계 디지털 헬스 산업 성장률을 토대로 하여 전문가들은 국내 디지털 헬스 산업의 성장률을 15.3%로 전망했으며, 모바일 헬스와 하드웨어 분야는 세계 성장률보다 높게 전망했다.

구분	2020	2021	2022	2023	2024	2025	2026	2027	성장률
하드웨어	45 (30%)	57 (29%)	70 (29%)	85 (28%)	99 (28%)	112 (28%)	125 (27%)	138 (27%)	20.5
소프트웨어	30 (20%)	38 (20%)	48 (20%)	60 (20%)	71 (20%)	81 (20%)	91 (20%)	101 (20%)	18.9
서비스	76 (50%)	97 (51%)	124 (51%)	155 (52%)	184 (52%)	212 (52%)	240 (53%)	269 (53%)	16.6
총계	152 (100%)	193 (100%)	243 (100%)	302 (100%)	355 (100%)	406 (100%)	456 (100%)	508 (100%)	18.8

[표 12] 국내 디지털 헬스 산업 분야별 비중

---

35) - 글로벌 DNA동향 : 디지털 헬스케어 -, ICT Brief, 2020.06.26
36) 헬스케어 서비타이제이션(Servitization) 기술 및 시장동향, KEIT PD ISSUE Report, 2021

구분	세계 성장률	국내 디지털 산업 성장률(예상, 평균값)			
		전체	학계	의료계	산업계
디지털 헬스 (전체)	18.8%	15.3%	11.1%	18.0%	16.8%
텔레헬스케어	30.9%	14.9%	8.2%	19.0%	17.6%
모바일 헬스	16.6%	18.8%	12.3%	23.0%	21.0%
헬스 분석	18.9%	17.4%	13.7%	22.6%	15.8%
디지털 헬스시스템	20.5%	13.7%	11.2%	22.0%	7.8%

[표 13] 국내 디지털 헬스 산업의 성장률(예상)

국내 디지털 헬스 산업의 경쟁력은 세계 최고 수준과 비교했을 때, 9점 만점에 5.4점으로 중간 수준으로 평가되었다. 국내 디지털 헬스 기술 수준은 미국을 100점으로 놓았을 때, 77.5점, 산업 경쟁력은 100점 만점으로 환산했을 때, 60점이었다.[37]

우리나라의 경우 우수한 의료인력, 세계적인 의료 인프라, 뛰어난 디지털 인프라 등 디지털 헬스 산업이 성장할 수 있는 유리한 토대가 마련되어있음에도 불구하고, 국내 디지털 헬스 산업의 경쟁력은 미국·중국 등 디지털 헬스 선도 국가들과 비교하면 미약한 수준이다.

국내 디지털 헬스 산업의 성장 장애 요인으로 편리한 의료접근성과 우수한 의료 인프라, 디지털 헬스 관련 각종 규제, 진단·진료 중심의 의료 수가체계 등이 지적된다.

다른 국가 대비 우리나라의 의료서비스 접근성/편리성이 높고 의료비 부담이 적은 편인데, 오히려 이런 장점이 건강관리·질병 예방에 대한 국민들의 관심(디지털 헬스 수요)을 감소시키는
결과를 초래한다.

대표적 디지털 헬스 제한 규제로 업계에서는 의료 빅데이터 관련 규제, 원격의료 규제, 소비자 의뢰(DTC) 유전자 검사 규제 등을 지적하고 있으며, 글로벌 100대 디지털 헬스 스타트업 중 63개 기업(75%)이 우리나라에서 규제로 인해 디지털 헬스 사업을 추진할 수 없는 상황이다.

---

37) 디지털 헬스 산업 분석 및 전망 연구, 한국보건산업진흥원, 2020

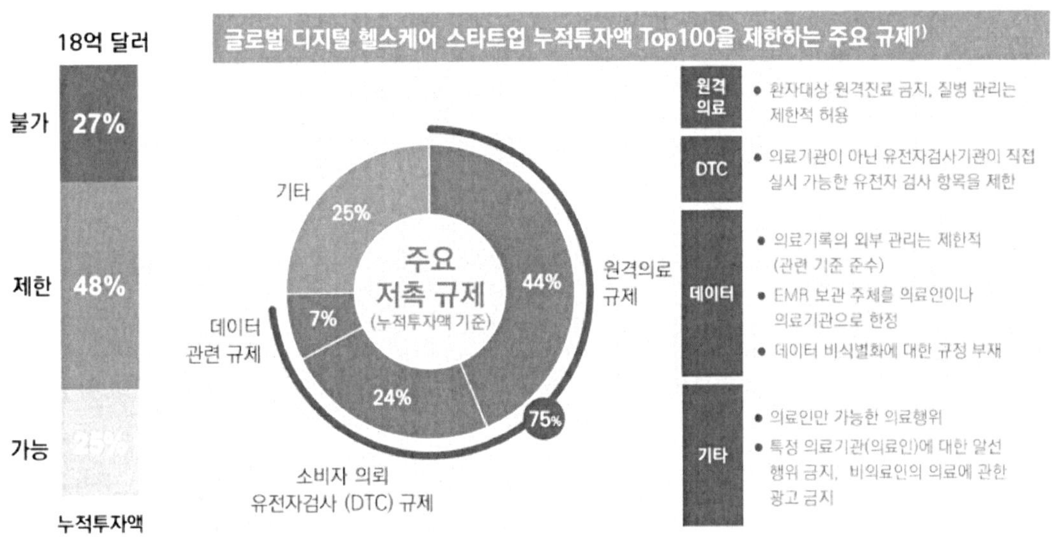

[그림 55] 글로벌 디지털 헬스 스타트업 사업을 제한하는 국내 주요 규제

진단·진료 중심의 국내 의료 수가체계는 건강관리/질병 예방/사후관리를 포함하고 있지 않아, 수가를 지원받지 못하는 디지털 헬스 신기술은 소비자에게 외면받을 가능성이 높고, 의료기관 입장에서도 의료 수입에 긍정적이지 않은 디지털 헬스 신기술을 적극적으로 도입할 동기가 부족하다.

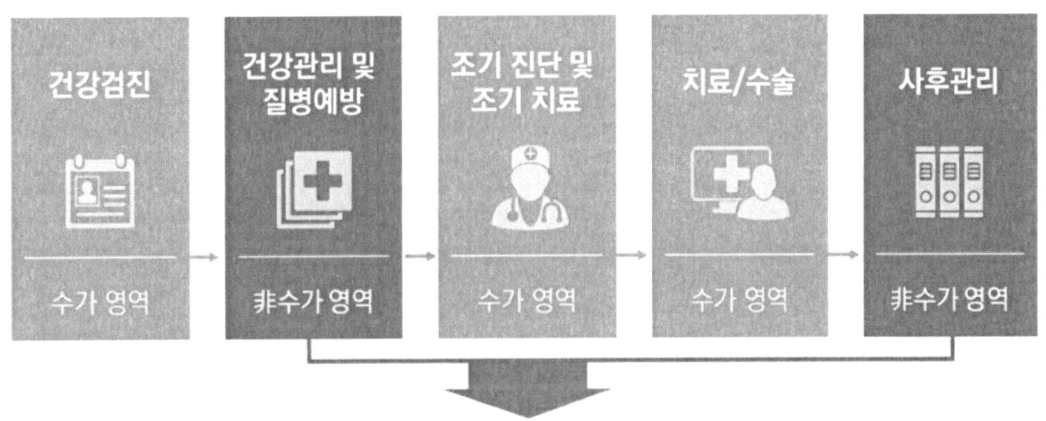

[그림 56] 진단·진료 중심의 우리나라 의료 수가체계

2) 데이터 기반 개인 건강관리 시스템 시장 동향[38]

세계 데이터 기반 개인 건강관리 시스템(생체데이터 활용 건강관리 시스템) 시장은 2021년 약 1,080백만 달러 규모에서 연평균 47.99% 이상 고성장하여 2026년에는 약 7,721백만 달러 규모에 달할 것으로 전망된다.

데이터 기반 개인 건강관리 시스템에 대한 스마트헬스케어 제품 및 서비스가 출시되고 있으며, 글로벌 ICT 기업부터 스타트업에 이르기까지 다양한 아이디어를 지닌 기업들의 시장 진출이 가속화되고 있고, 이에 글로벌 스마트헬스케어 시장규모는 지속적인 성장을 보일 것으로 전망된다.

구분	2020	2021	2022	2023	2024	2025	2026	CAGR
세계 시장	735	1,080	1,620	2,479	3,606	5,247	7,721	47.99

[표 14] 데이터 기반 개인 건강관리 시스템 세계 시장규모 및 전망 (단위: 백만 달러, %)

국내 데이터 기반 개인 건강관리 시스템(생체데이터 활용 건강관리 시스템) 시장규모는 2021년 약 1,114억 원에서 연평균 45.38% 고성장하여 2026년에는 약 7,297억 원 규모에 달할 것으로 전망된다.

국내 시장은 다양한 IT기업과 의료관련 기업·기관들을 중심으로 건강관리 및 병원의료 관련 영역에서 소프트웨어, 스마트 기기, 헬스케어 플랫폼 등과 연계하여 데이터 활용성을 높인 제품시장이 지속적으로 성장하고 있다.

구분	2020	2021	2022	2023	2024	2025	2026	CAGR
국내 시장	773	1,114	1,643	2,465	3,528	5,049	7,297	45.38

[표 15] 데이터 기반 개인 건강관리 시스템 국내 시장규모 및 전망 (단위: 억 원, %)

---

38) 데이터 기반 개인건강관리 시스템, 중소기업 전략기술로드맵 2021-2023

3) 웨어러블 의료기기[39)

 글로벌 웨어러블 의료기기 시장은 2019년 168억 5,000만 달러에서 연평균 성장률 9.96%로 증가하여, 2024년에는 270억 9,000만 달러에 이를 것으로 전망된다.

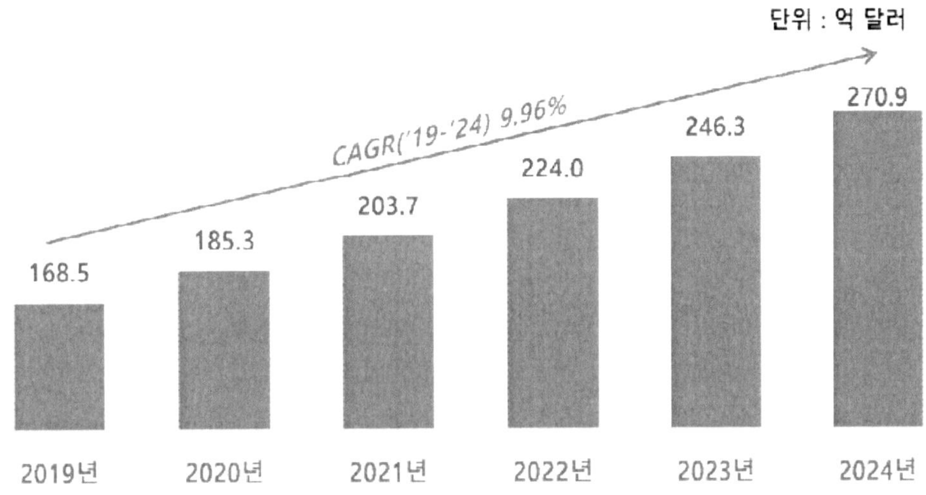

[그림 57] 글로벌 웨어러블 의료기기 시장 규모 및 전망

 글로벌 웨어러블 의료기기 시장을 지역별로 살펴보면, 2019년을 기준으로 북미 지역이 40.98%로 가장 높은 점유율을 차지하였고, 유럽 지역이 33.99%, 아시아-태평양 지역이 16.01%, 기타 지역이 9.02%로 나타났다.

 북미 지역은 2019년 69억 1,000만 달러에서 연평균 성장률 8.60%로 증가하여, 2024년에는 104억 4,000만 달러에 이를 것으로 전망되며, 유럽 지역은 2019년 57억 3,000만 달러에서 연평균 성장률 8.76%로 증가하여, 2024년에는 87억 2,000만 달러에 이를 것으로 전망된다. 다음으로 아시아-태평양 지역은 2019년 27억 달러에서 연평균 성장률 12.89%로 증가하여, 2024년에는 49억 5,000만 달러에 이를 것으로 전망되고, 그 외 지역은 2019년 15억 2,000만 달러에서 연평균 성장률 14.34%로 증가하여, 2024년에는 29억 7,000만 달러에 이를 것으로 전망된다.

---

39) 유망시장 Issue Report 웨어러블 의료기기, 연구개발특구진흥재단, 2021.09

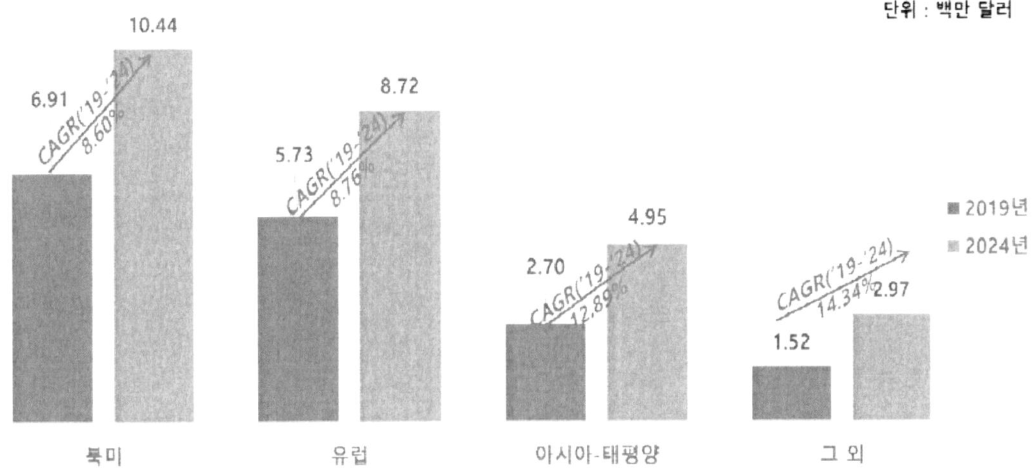

[그림 58] 글로벌 웨어러블 의료기기 시장의 지역별 시장 규모 및 전망

글로벌 웨어러블 의료기기 시장은 유형에 따라 치료용 의료기기, 진단 및 모니터링용 의료기기로 분류되며, 치료용 의료기기는 2019년을 기준으로 74.78%의 점유율을 차지하였으며, 그 뒤를 진단 및 모니터링용 의료기기가 25.22%로 뒤따르고 있다.

치료용 의료기기는 2019년 126억 달러에서 연평균 성장률 8.52%로 증가하여, 2024년에는 189억 6,000만 달러에 이를 것으로 전망되고, 진단 및 모니터링용 의료기기는 2019년 42억 5,000만 달러에서 연평균 성장률 13.85%로 증가하여, 2024년에는 81억 3,000만 달러에 이를 것으로 전망된다.

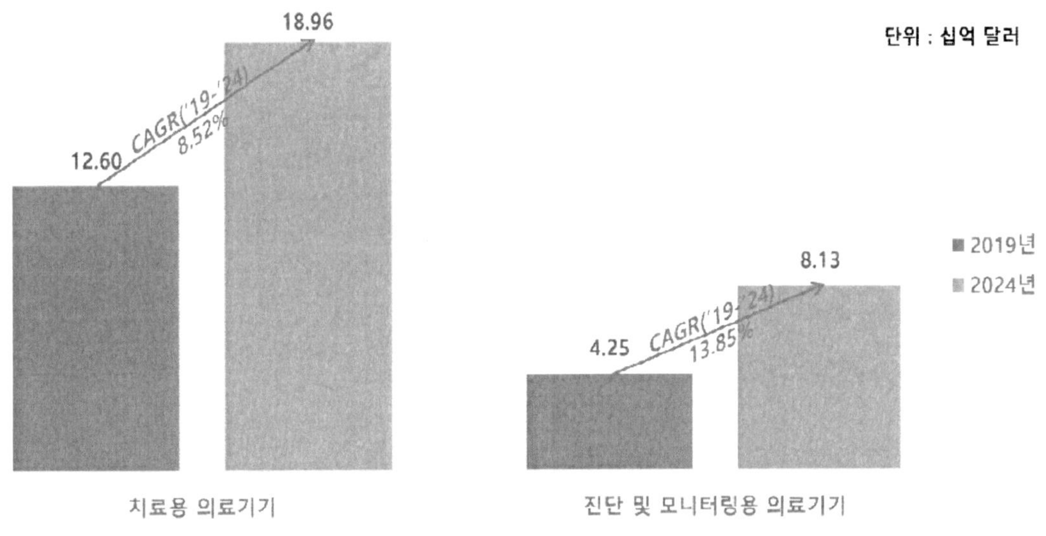

[그림 59] 글로벌 웨어러블 의료기기 시장의 유형별 시장 규모 및 전망

웨어러블 의료기기 시장은 제품에 따라 활동 모니터 및 트래커, 스마트 워치, 패치, 스마트 의류로 분류되며, 활동 모니터 및 트래커는 2019년을 기준으로 39.9%의 점유율을 차지하였으며, 그 뒤를 스마트 워치가 35.7%로 뒤따르고 있다.

활동 모니터 및 트래커는 2020년 73억 6,694만 달러에서 연평균 성장률 21.0%로 증가하여, 2025년에는 190억 8,611만 달러에 이를 것으로 전망되고, 스마트 워치는 2020년 65억 4,709만 달러에서 연평균 성장률 20.3%로 증가하여, 2025년에는 165억 471만 달러에 이를 것으로 전망된다. 패치는 2020년 32억 8,493만 달러에서 연평균 성장률 19.9%로 증가하여, 2025년에는 81억 4,702만 달러에 이를 것으로 전망되며, 스마트 의류는 2020년 11억 7,905만 달러에서 연평균 성장률 19.4%로 증가하여, 2025년에는 28억 6,638만 달러에 이를 것으로 전망된다.

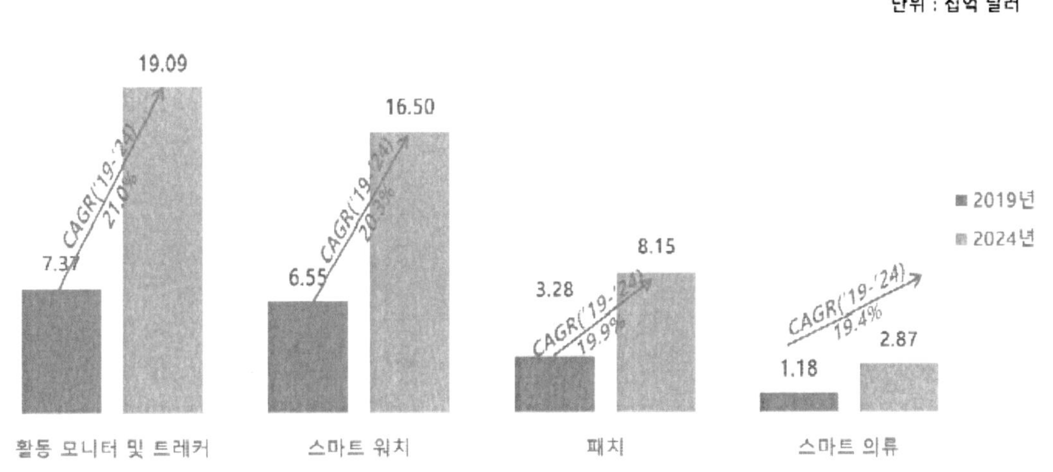

[그림 60] 글로벌 웨어러블 의료기기 시장의 제품별 시장 규모 및 전망

웨어러블 의료기기 시장은 용도에 따라 건강 및 피트니스용, 원격 환자 모니터링용, 홈 헬스케어용으로 분류되며, 건강 및 피트니스용은 2019년을 기준으로 48.1%의 점유율을 차지했다. 건강 및 피트니스용은 2020년 89억 9,290만 달러에서 연평균 성장률 21.3%로 증가하여, 2025년에는 235억 7,720만 달러에 이를 것으로 전망되고, 원격 환자 모니터링용은 2020년 61억 3,960만 달러에서 연평균 성장률 20.1%로 증가하여, 2025년에는 153억 3,220만 달러에 이를 것으로 전망된다. 홈 헬스케어는 2020년 34억 1,860만 달러에서 연평균 성장률 19.0%로 증가하여, 2025년에는 81억 4,240만 달러에 이를 것으로 전망된다.

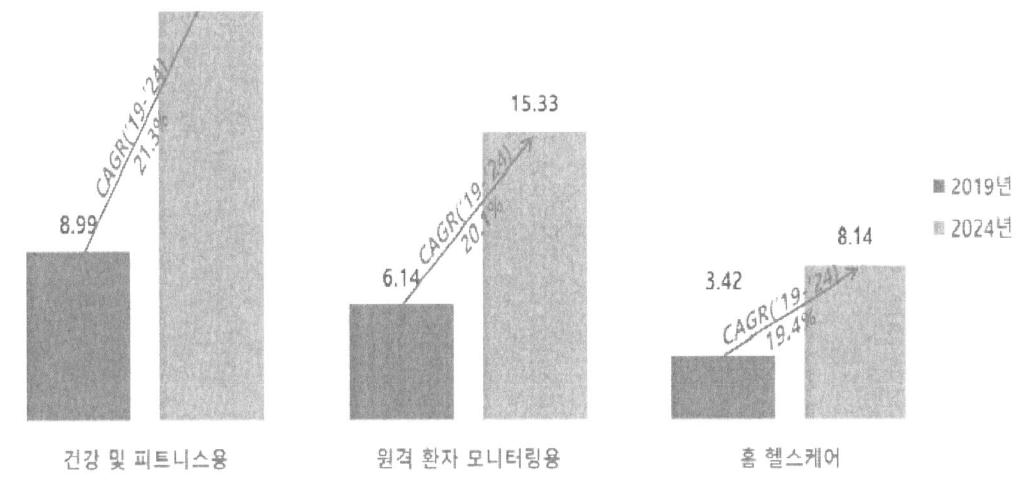

[그림 61] 글로벌 웨어러블 의료기기 시장의 용도별 시장 규모 및 전망

국내 스마트 헬스케어 시장규모는 2017년 약 47,500억 원에서 연평균 16.2%씩 성장하여 2023년에는 약 116,900억 원 규모에 달할 것으로 전망된다. 국내 스마트 헬스케어 시장이 세계 스마트헬스케어 시장의 약 4.3%를 차지하고 있어, 차세대 웨어러블 디바이스 시장도 유사한 비율로 추산할 수 있을 것으로 예상된다. 운동과 건강에 대한 관심의 증가로 스마트 기기와 센서 기술을 통해 일상에서 손쉽게 자신의 운동량, 심박수 등 건강상태를 웨어러블 기기로 측정하고 기록하여 관리하는 '자가 건강 측정' 트렌드가 확산되고 있다.

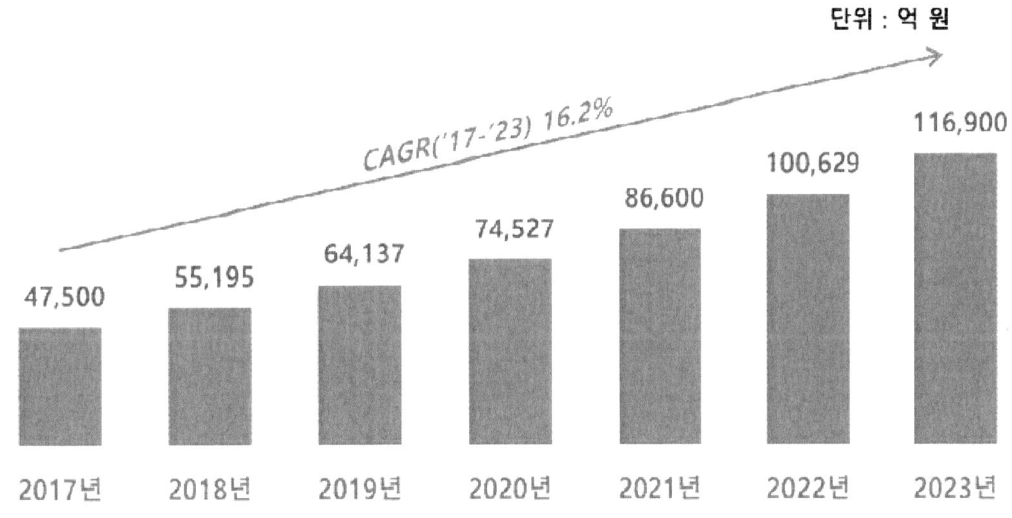

[그림 62] 국내 스마트 헬스케어 시장 규모 및 전망

국내 웨어러블 헬스케어 기기 시장규모는 2018년 약 2,225억 원에서 연평균 20.6%씩 성장하여 2024년에는 약 6,847억 원 규모에 달할 것으로 전망된다. 데이터 수집, 데이터 변환, 정보기반 플랫폼 등에서 웨어러블 헬스케어 기기와 기기 활용에서 혁신이 진행 중이다.

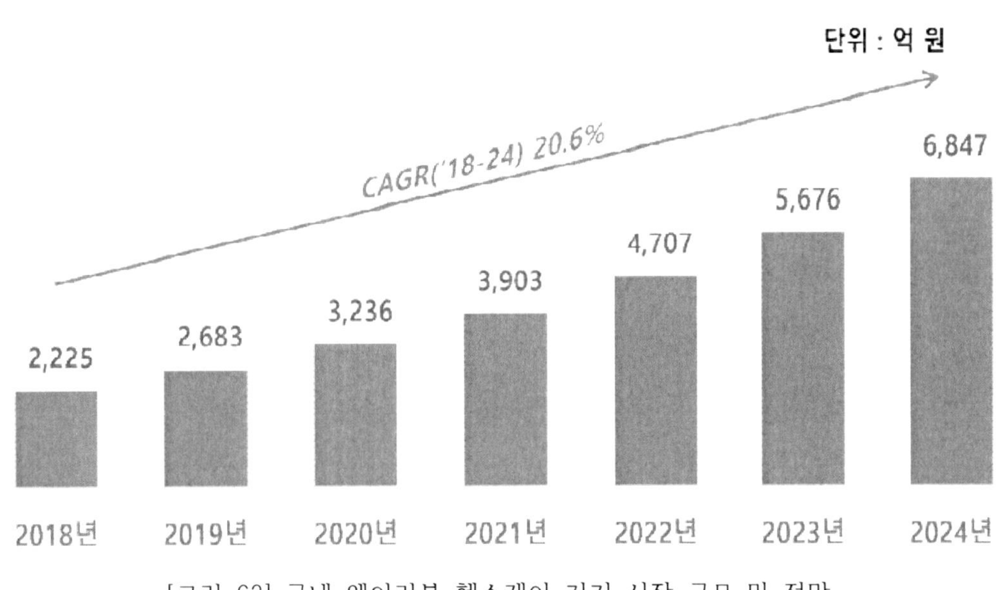

[그림 63] 국내 웨어러블 헬스케어 기기 시장 규모 및 전망

4. 디지털 헬스케어 기술 동향

4. 디지털 헬스케어 기술 동향

가. 유망기술[40)

1) 디지털 트윈(Digital Twin)

디지털 트윈은 현실 세계의 기계나 장비, 사물 등을 컴퓨터 속 가상세계에 구현한 것을 의미하며, 실제 제품을 만들기 전 모의시험을 통해 발생할 수 있는 문제점을 파악하고 이를 해결하기 위해 디지털 트윈 기술을 활용한다.

최근 메타버스가 부상하며, 디지털 헬스케어 분야에서도 디지털 트윈을 주목하고 있다. 2021년 기준 디지털 헬스 분야 메타버스 투자액은 전년 대비 2배 이상 증가했는데, 이를 자세히 살펴보면 총 11건의 투자가 이루어졌으며, 투자 규모는 2배 이상 증가하여 1억 9,800만 달러로 집계되었다. 또한, 2021년 FDA는 어플라이드VR(AppliedVR), 프리시전OS(PrecisionOS), 루미노피아(Luminopia)의 메타버스 솔루션을 승인했다.

디지털 헬스 분야의 메타버스 어플리케이션은 몰입 환경 및 디지털 트윈 등 두 가지 범주에 중점을 두고 있다.

기업명	디지털 트윈 기술 적용 예
Siemens Healthineers	• 개별 환자의 심장 구조와 생물학적 특징을 반영한 심장 분야 디지털 트윈 개발 • 의사가 실제 환자를 대상으로 결정을 내리기 전 약물, 수술, 카테터 삽입 등에 어떻게 반응하는지 시뮬레이션 가능
Virtonomy	• 뼈와 근육에 대한 디지털 트윈을 구축 • 의료 기기 및 임플란트가 시간이 지날수록 환자의 신체 내에서 퇴화되는지 여부를 시뮬레이션 가능
Q Bio	• Gemini 플랫폼으로 환자의 생체 정보, 스캔, 병력 및 유전자 검사 결과를 결합하여 환자의 해부학적, 생리학적 시뮬레이션 생성
Babylon Health	• 환자를 위한 디지털 트윈 대시보드 제공
Twin Health	• 대사 질환을 예방하할 수 있도록 라이프스타일 변화 계획을 도와주는 신진대사 중심의 디지털 트윈 개발
Unlearn	• 디지털 트윈을 통해 얻은 환자의 예후 정보를 무작위 대조 연구에 통합 • 코로나 등 19 만성질환 관련 종단 연구에 유용

[표 16] 디지털 트윈 기술을 디지털 헬스에 적용한 기업

---

40) 품목별 ICT 시장동향, 디지털헬스케어, nipa, 2022.06

2) 웨어러블(Wearable)

웨어러블이란 전자적 요소 및 소프트웨어를 안경, 시계, 의복 등과 같이 착용할 수 있는 형태로 사용자가 거부감 없이 신체 일부처럼 항상 착용하여 사용할 수 있는 컴퓨터를 의미한다.

2022년 기준, 건강 모니터링, 생체신호 등 웨어러블 헬스케어 기술 사용량이 4년간 3배 이상 증가했다. 또한, 2022년 미국 인구의 약 25%가 웨어러블 기기를 사용하고 있다. 핏빗, 스마트 워치 등 웨어러블 기기를 소비자가 착용하여 건강 및 운동 데이터를 수집하고, 의료 전문가와 보험사 등에 공유하는 형태로 웨어러블 기기는 점차 발전할 전망이다.

이러한 배경에 발맞춰 웨어러블 기기 출시 및 기술 개발이 활발히 이루어지고 있다. 애플은 혈중 산소 포화도 모니터, 기본 수면 추적 등의 기능을 애플 워치에 추가했으며, Avery Dennison Medical은 웨어러블 장치와 피부 사이에 사용되는 인터페이스 솔루션과 장치 구성 요소를 결합할 수 있는 레이어 재료를 개발했다.

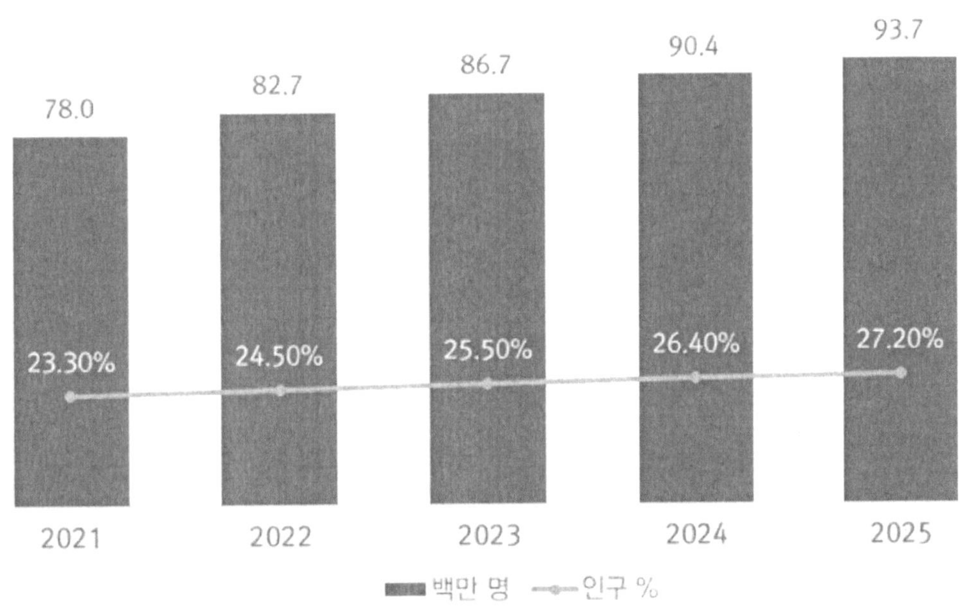

[그림 65] 스마트 웨어러블 유저 수 (단위: 백만 명, %)

3) 블록체인(Blockchain)

블록체인은 누구나 열람할 수 있는 장부에 거래 내역을 투명하게 기록하고 여러 대의 컴퓨터에 이를 복제해 저장하는 분산형 데이터 저장기술이다.

헬스케어 블록체인 관련 치줄 비용은 2018년 약 1억 7,000만 달러에서 2025년까지 56억 1,000만 달러로 증가할 것으로 예상된다. 디지털 헬스케어에 블록체인을 적용함으로써 2025년까지 의료 산업은 연간 최대 1,000억 달러를 절약할 수 있을 것으로 추정된다.

블록체인은 의료데이터 안전성을 목적으로 각광받고 있다. 특정 유형의 블록체인 기술을 활용하면 환자가 데이터 접근을 제한하여 공유할 대상자를 선택할 수 있다. 또한, 단일 행위자가 제어 및 조작할 수 없도록 데이터 저장소를 분산시켜 데이터를 안전하게 보호할 수 있다. 그리고 전자의무기록(EMR) 데이터 관리, 의료 데이터 보호, 개인 건강 기록 데이터 관리, 현장 진료 유전체 관리, 전자 건강 기록 데이터 관리 등에 블록체인 기술을 적용하는 추세다.

분야	내용
공급망 관리	• 개인보호장비(PPE), 의약품 등 모든 물품을 공급망 내에서 효과적으로 추적 가능하여 코로나 등 19 돌발 상황에서도 관리에 용이 • 종이가 아닌 디지털 기록으로 물품의 위치 등 확인 가능 • 모든 의약품을 식별하고 확인함에 따라 위조 약품의 흐름을 차단하는데 용이
임상시험	• 임상시험 데이터를 블록체인 기반 데이터베이스를 통해 저장하고 연구원 간 공유 가능 • 환자의 데이터를 안전하게 보관하는 동시에 의학 발전 지원
보험	• 정보처리상호운용성 으로 (interoperability) 개체 간 신뢰성 확보 가능 • 환자에 대한 모든 정보를 수집해 원활한 신청 과정을 보장하며 사기 방지 및 기록 보관 방안 개선
의료 준수	• 약물 사용 및 효과를 추적해 환자의 약물 권장 복욕량을 지킬 수 있도록 지원

[표 17] 의료부문 블록체인 활용 분야

4) 모바일헬스(mhealth)

모바일헬스는 병원에 직접 가지 않고 휴대전화 등 모바일 기기로 건강을 관리할 수 있도록 하는 서비스다. 모바일헬스는 의료 기반 취약 지역에서 유용하며, 만성질환 관리에 적합하다.

코로나19 이후 모바일헬스 시장이 급성장하고 있다. 모바일 헬스 시장규모는 2020년 560억 달러에서 2030년 8,050억 달러 이상으로 성장할 것으로 전망된다. 현재 다이어트, 영양, 수면, 운동, 스트레스 관리 등 건강 관련 전 분야에서 모바일 헬스 앱 개발을 진행하고 있으며, 건강 상태 관리 앱 출시가 활발하게 이루어지고 있다. 일례로, Mount Sinai Health System은 심장마비 위험이 있는 환자의 치료를 개선하기 위한 모바일 앱을 출시했으며, Nabla는 산부인과 의사, 조산사, 영양사 등 건강 전문가와 연결 기능을 제공하는 여성 건강 앱을 출시했다.

하지만 모바일헬스는 소비자 개인정보 보호 문제가 있다. 의학지 BMJ에 발표된 연구에 의하면 모바일헬스 앱의 개인정보 보호 및 데이터수집은 위험성이 존재한다. 모바일헬스 앱은 연락처 정보, 사용자 위치, 광고용 기기 식별자 등 다양한 사용자 정보를 포함하며, 모바일헬스 앱의 약 25%는 개인정보보호 지침이 없는 것으로 확인되었다.

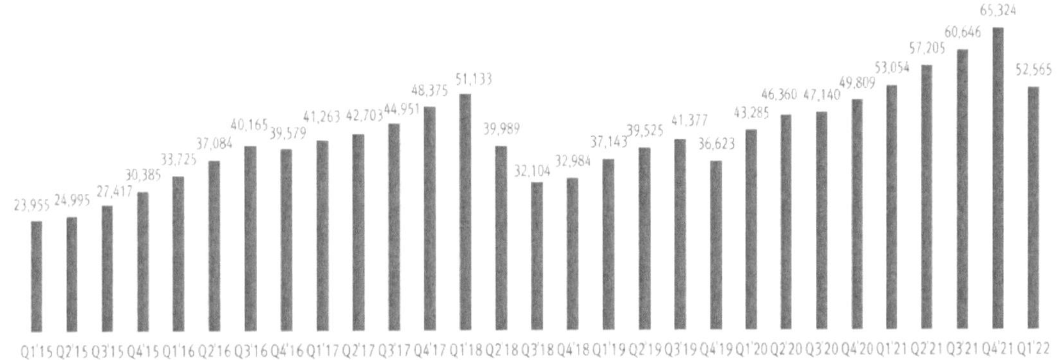

[그림 66] 구글 플레이스토어에서 사용 가능한 mHealth 앱 수 (단위: 개)

5) 커맨드센터(Command Center)

커맨드센터는 병원 내 임상 관련 정보를 한데 모아 지휘하는 중앙 모니터링 시스템을 의미하며, 중앙 집중식 품질 관리 및 치료 조정을 통해 환자 결과를 개선한다.

커맨드센터는 중앙 집중식 관리로 병원 효율성을 증대시킨다. 즉, 커맨드센터는 병원 전체 데이터를 한 곳으로 수집하여 수요를 예측하는데, 병원 전체에 대한 가시성 확보를 위해 모든 시스템상 데이터 피드를 한 곳으로 수집하여 대형 모니터상에 표시한다. 커맨드센터는 상황 인식 솔루션을 통해 ICU 침상 수, 간호사 수 등을 예측하고 병원의 의사결정을 주도한다.

GE 헬스케어는 '에디슨 디지털 헬스 플랫폼' 도입 계획을 발표했는데, 에디슨 디지털 헬스 플랫폼은 벤더에 구애받지 않고 호스팅이 가능하게 설계되어 다방면에서 데이터를 취합하며 통합형 AI 엔진으로 구동한다. 이에, 임상, 워크플로우, 분석, AI 툴 등을 활용해 더욱더 높은 수준의 환자 보살핌이 가능하고 병원 업무에 필요한 다양한 앱을 단일 플랫폼에 통합하여, 효율적인 병원 운영으로 수익 향상에 기여할 수 있다.

병원명	내용
텍사스 아동 병원 (Texas Children's Hospital)	• 2017년 커맨드센터 완공 • 허리케인 Harvey가 휴스턴 강타할 당시 범람으로 인한 물류 문제 및 폭풍으로 인한 환자 유입 문제를 대응하는데 중요한 역할 수행
존스 홉킨스 병원 (Johns Hopkins Hospital)	• 볼티모어 존스 홉킨스 병원에서 최초로 완전한 규모의 커맨드센터 구축 • 5,200ft² 시설에서 20개 이상의 디지털 화면을 통해 24명의 직원에게 실시간 정보 제공 • 병원이 변화하는 수요를 예측할 수 있도록 예측 분석 제공
험버 리버 병원 (Humber River Hospital)	• 4,500ft² 시설에서 NASA 방식의 커맨드센터를 도입해 병원 시스템 관리 • 35개의 화면으로 구성된 대형 비디오 월(video wall)을 통해 데이터를 표시 • 고급 예측 분석 시스템을 사용하여 침대 할당, 방 청소, 응급실 규모, 수술 일정 및 퇴원 계획 등 관리 • 응급실 대기 시간을 기존 30분에서 0으로 줄이고 연간 1,000만 달러 비용 절감

[표 18] 병원 커맨드센터 예시

나. 관련 기술 동향
1) 데이터 기반 개인 건강관리 시스템[41]
가) 개인 건강 측정 기술 동향

일상생활에서 사람들의 건강을 간편하게 기록하고 관리할 수 있는 보다 현실적인 개인 건강 측정 기술이 주목받고 있다. 스마트워치를 통해 걸음수, 운동량 등 운동에 관련된 정보뿐만 아니라, 수면정보 등 일상생활 정보와 심박수, 심전도, 혈압, 산소포화도, 체성분 등 생체정보도 측정할 수 있는 기능이 출시되고 있으며, 혈당 측정 기능에 대한 추가가 곧 이루어질 것으로 전망된다. CES 2022에서 Abbott가 연속혈당 측정기, 휴대용 뇌손상 검사기, 관상동맥 검사기 등으로 가정에서의 건강관리을 위한 혁신제품으로 5개의 혁신상을 수상하였으며, 삼성전자는 근육량, 수분량, 체지방 비율을 평가하고 심장리듬을 모니터링하는 갤럭시워치4로 혁신상을 수상했다. 또한, 허리에 매는 벨트에 센서를 탑재해 허리둘레, 걸음 수, 앉은 시간, 과식 여부 등을 감지해 사용자의 건강을 관리하는 기술 등 웨어러블 기기를 이용한 건강정보 측정 기술도 개발되고 있으며, 활동량, 심전도, 식단, 수면뿐만 아니라 발열, 호흡, 안과질환, 피부질환, 피부암, 생리주기, 검이경, 더마토스코프 등으로 스마트폰을 다양하게 활용하여 건강정보를 측정하는 기술들 또한 개발되고 있다.

다음으로, 유전체 정보를 낮은 가격으로 획득할 수 있는 기술이 개발되고 있다. 현재 1,000 달러 이하의 낮은 가격으로 유전체 정보를 획득하는 기술이 개발되었으며, 유전체 시퀀싱 비용은 계속 줄어 100 달러 이하까지 낮아질 것으로 전망된다.

나) 개인건강관리 플랫폼 기술

진료기록, 검진기록, 개인건강기록, 라이프로그 등 다양한 형태의 건강정보를 효과적으로 통합, 저장, 관리할 수 있는 헬스케어 플랫폼에 대한 경쟁이 가속되고 있다. 마이 헬스웨이 사업이 2021년 시작되어 나의 흩어진 건강정보를 한눈에 볼 수 있는 '나의건강기록' 앱이 출시되는 등 스마트 헬스케어 생태계 구축을 위한 플랫폼 경쟁이 지속되고 있으며, 많은 참여자들을 끌어들이기 위한 기술 개발이 진행되고 있다. 또한, 병원 진료기록 등 다양한 건강정보를 개인별로 통합하여 제공함으로써 데이터 활용도를 높이는 방향으로 플랫폼 기술이 개발되고 있다. 개인맞춤 정밀의료, 질병예측 예방의료, 일상적인 건강관리, 원격의료 등을 지원할 수 있는 데이터 기반 플랫폼으로 발전하고, 건강관리뿐만 아니라 임상시험, 신약개발, 공공보건 등을 지원하는 플랫폼 기술도 큰 관심을 받고 있다.

IoT, 모바일, 빅데이터, 인공지능, 클라우드, 블록체인 등 ICT 기술을 적용한 플랫폼으로 확장성을 극대화하는 방향으로 기술 개발이 진행되고 있다. 다양한 IoT 디바이스를 수용하고, 건강정보의 빅데이터 분석을 통한 개인 건강 예측 등이 가능할 수 있는 기술이 개발되고, 블록체인 기술을 활용하여 건강정보의 보안성을 강화한 플랫폼 기술도 다양하게 개발이 진행되고 있다.

---

41) 데이터 기반 개인건강관리 시스템, 중소기업 전략기술로드맵 2021-2023

다) 개인건강정보 분석 기술

 인공지능, 빅데이터 등 데이터 분석기술이 헬스케어 분야에 적용되어 다양한 형태의 개인건강정보분석 솔루션들이 개발되고 있으며, 진료 및 건강관리 서비스 현장에 적용되어 질적 수준의 향상에 기여하고 있다.

 인공지능 기술이 헬스케어 분야에 적용될 경우 의료서비스 효율이 30~40% 향상될 것으로 예상되며, 헬스케어 전 영역에 인공지능 기술이 활용될 것으로 전망된다. 의료용 인공지능에는 의학 논문, 의학 서적 등으로부터 의학지식을 추출하여 제공하는 인공지능, 의료영상 및 병리영상 등의 분석을 통해 정보를 제공하는 인공지능, 진료기록 및 라이프로그 등의 건강정보를 분석하여 질병을 예측하고 예방하는 인공지능 등으로 기술개발이 추진되고 있다.

 또한, 의료영상, 검사정보 등을 기반으로 임상의사결정을 지원하는 기술이 개발되고 있으며, 인공지능 기반 의료기기로 FDA로부터 인허가를 추진하고 있으며, 정밀의료, 예방의료 등을 위해 오픈 소스로 제공되는 다양한 기계학습 도구들을 의료 데이터에 최적화하여 활용하려는 시도가 있다.

 우울증, 과도한 스트레스 등 정신건강에 대한 관심이 증가하여 신체건강 뿐만 아니라 정신건강을 음성, 생체신호, 일상생활정보 등을 분석하여 효과적으로 관리하기 위한 다양한 기술이 개발되고 있다. 의료용 인공지능 개발을 위해 요구되는 양질의 데이터를 확보하고 빅데이터로 구축하기 위한 노력이 진행중이다.

라) 개인건강관리 서비스 기술

 고령화와 건강에 대한 관심 증가 등으로 개인이 스스로 건강을 관리하고자 하는 욕구가 크게 증대되어 만성질환관리, 질병 예방 관리, 건강 증진 서비스 등 다양한 형태의 서비스가 등장하고 이를 가능하게하기 위한 기술이 개발되고 있다.

 스스로 건강에 관련된 정보를 측정하여 관리하고자 하는 수요가 증대되어 개인 건강정보 관리 서비스 기술이 개발되고 있으며, 개인측정 정보뿐만 아니라 진료기록, 검진기록, 처방기록, 의료영상정보 등과 연계하여 통합적인 건강정보 관리가 가능하도록 발전되고 있다. 인구 고령화에 만성질환을 효과적으로 관리하기 위한 서비스 기술이 개발되었으며, 시간·장소에 구애받지 않고 일상적인 건강관리가 이루어질 수 있도록 하는 모바일 헬스케어 서비스 기술도 등장하고 있다.

 운동·식이 등의 관리를 효과적으로 제공하는 어플리케이션들이 개발되고 있으며, 특히, 체중감량 프로그램, 체력증진 연계 지속적인 운동, 식이 관리가 이루어질 수 있도록 게임의 요소를 도입하는 게이미피케이션에도 관심이 집중되고 있다. 명상 등 스트레스를 완화하고, 숙면을 유도하는 등 정신건강을 효과적으로 관리하기 위한 다양한 서비스 기술이 개발중이다.

기업의 의료비 절감과 생산성 향상 등을 위해 직장 내 종사자들의 건강을 관리하기 위한 서비스 기술이 개발되고 있으며, 이는 건강보험사와 연계되어 보험 급여를 절감하는 방향으로 개발 중이다. 지역사회 커뮤니티, 보건소 등과 연계된 건강관리 서비스의 발굴과 이를 효과적으로 지원할 수 있는 기술 및 시스템에 대한 요구가 증대되고 있어 이를 뒷받침하기 위한 기술개발 또한 진행중이다.

2) 디지털 헬스케어 보안모델[42)]

 디지털헬스케어 관련 보안위협에 대응할 수 있는 디지털헬스케어 서비스에 대한 보안요구사항 및 보안기능은 다음과 같다. 디지털헬스케어 서비스는 모바일 앱, 웹 서비스, 서비스 제공 인프라를 통해 제공될 수 있으므로, 모바일 앱, 웹 서비스, 서비스 제공 인프라를 대상으로 보안요구항목 및 보안대책을 수립한다.

가) 모바일 앱

유형	보안위협	보안요구항목	보호대책
데이터 보안 및 안전한 통신	신뢰할 수 없는 데이터 송수신	3.1 전송데이터 보호 [3.1.2]	• 알려진 프로토콜 기반 통신채널 생성 시 보안모드 사용
		3.3 정보흐름 통제 [3.3.1]	• 비인가 트래픽 차단
	데이터 노출 및 변조	3.5 개인정보 보호 [3.5.1]	• 개인정보 비식별화 조치
		4.2 소프트웨어 보안 [4.2.1]	• 소스코드 난독화
	사용자 세션 탈취	3.4 안전한 세션관리 [3.4.1]	• 세션 자동 종료
안전한 기기 관리 및 물리적 보호	안전하지 않은 업데이트	4.3 안전한 업데이트 [4.3.1, 4.3.2]	• 사용자 인증 후 업데이트 수행 • 업데이트 전 무결성 검사 수행
	악성행위	4.4 보안 관리 [4.4.1, 4.4.2]	• 불필요 서비스 제거 • 원격관리 통제
	중요 설정 임의 변경	4.2 소프트웨어 보안 [4.2.2]	• 주요 설정값에 대한 무결성 검증
	오류 대응	4.5 감사기록 [4.5.1, 4.5.2]	• 감사기록 생성 • 감사기록 보호
	안전하지 않은 개발	4.1 소프트웨어 보안 [4.1.1, 4.1.2]	• 시큐어코딩 적용 • 알려진 보안취약점 제거
	취약한 3rd party 모듈/라이브러리 사용	4.4 보안 관리 [4.4.3]	• 3rd party 라이브러리 최신 보안 패치 적용

[그림 67] 디지털헬스케어 서비스 보안 위협에 따른 보안요구항목 및 보호대책 : 모바일 앱

---

42) 디지털 헬스케어 보안모델 PART I : 의료기기, 한국인터넷진흥원, 2020.12

유형	보안위협	보안요구항목	보호대책
인증 및 허가	인증우회	1.1 사용자 인증 [1.1.1, 1.1.2]	• 사용자에 대한 인증
	비인가된 기기 연결	1.3 제품 인증 [1.3.1]	• 상호 인증
	과도한 권한 부여	1.1 사용자 인증 [1.1.4]	• 최소 권한 적용
	연속된 인증시도	1.1 사용자 인증 [1.1.3]	• 반복된 인증 시도 제한
	인증정보 노출 및 유추	1.2 인증 정보의 안전한 사용 [1.2.1, 1.2.2, 1.2.3]	• 비밀번호 하드코딩 금지 • 비밀번호 마스킹 표시 • 실패사유 피드백 제한
	취약한 비밀번호	1.1 사용자 인증 [1.1.5]	• 안전한 조합규칙 적용
암호	취약한 암호화	3.1 전송데이터 보호 [3.1.1] 3.2 저장데이터 보호 [3.2.1]	• 중요정보 전송 시 암호화 • 중요정보 저장 시 암호화
	취약한 암호 알고리즘	2.1 안전한 암호 알고리즘 사용 [2.1.1]	• 안전성이 검증된 암호알고리즘 사용

[그림 68] 디지털헬스케어 서비스 보안 위협에 따른 보안요구항목 및 보호대책 : 모바일 앱

나) 웹 서비스

유형	보안위협	보안요구항목	보호대책
인증 및 허가	인증우회	2.1 불충분한 인증 및 인가 [2.1.1]	• 사용자 식별 및 인증
	과도한 권한 부여	2.2 계정 최소화의 원칙 [2.2.1]	• 사용자 계정 최소화
	동시접속에 따른 정책 일관성 오류	2.3 관리자 페이지 접근 차단 [2.3.1]	• 동시 접속 제한 및 접근기록 생성
	취약한 비밀번호	3.2 취약한 패스워드 복구 [3.2.1]	• 안전한 비밀번호 설정
암호	취약한 암호화	3.1 데이터 평문전송 [3.1.1]	• 중요정보 전송 시 암호화

유형	보안위협	보안요구항목	보호대책
데이터 보안 및 안전한 통신	입력값 검증 부재	1.1 SQL 인젝션 [1.1.1]	• DB 정보 유출 및 변조 방지
		1.2 크로스사이트 스크립팅 [1.2.1]	• 악성 스크립트 실행 방지
	신뢰할 수 없는 데이터 송수신	1.3 파일 업로드 [1.3.1]	• 악성파일 업로드 차단
	데이터 노출 및 변조	1.4 경로 추적 및 파일 다운로드 [1.4.1]	• 중요파일 열람 방지
		4.1 디렉터리 인덱싱 [4.1.1]	• 디렉터리 정보 노출 방지
		4.2 정보누출 [4.2.1]	• 민감 정보 노출 방지

[그림 70] 디지털헬스케어 서비스 보안 위협에 따른 보안요구항목 및 보호대책 : 웹 서비스

다) 인프라: 서버 보안 유형

유형	보안위협	보안요구항목	보호대책
인증 및 허가	과도한 권한 부여	1.1 계정관리 [1.1.2]	• 불필요 계정 관리
	취약한 비밀번호	1.1 계정관리 [1.1.1]	• 패스워드 정책 설정
데이터 보안 및 안전한 통신	신뢰할 수 없는 데이터 송수신	1.3 서비스 관리 [1.3.6]	• 파일 업로드 및 다운로드 제한
	데이터 노출 및 변조	1.3 서비스 관리 [1.3.4]	• 디렉터리 리스팅 제거
	사용자 세션 탈취	1.1 계정관리 [1.1.3]	• Session Timeout 설정
안전한 기기 관리 및 물리적 보호	서비스 거부	1.3 서비스 관리 [1.3.1, 1.3.2, 1.3.3]	• Anonymous FTP 비활성화 • Dos 공격에 취약한 서비스 비활성화 • DNS Zone Transfer 설정
	악성행위	1.2 파일 및 디렉터리 관리 [1.2.1, 1.2.4]	• Root 홈, 패스 디렉터리 권한 및 패스 설정 • 접속 IP 및 포트 제한
		1.3 서비스 관리 [1.3.5]	• 불필요한 파일 제거
	중요 설정 임의 변경	1.2 파일 및 디렉터리 관리 [1.2.2, 1.2.3]	• 파일 소유자 및 권한 설정 • 환경파일 소유자 및 권한 설정
	오류 대응	1.4 패치 관리 [1.4.2]	• 백신 프로그램 업데이트
		1.5 로그 관리 [1.5.1, 1.5.2]	• 로그의 정기적 검토 및 보고 • 정책에 따른 시스템 로깅 설정
	취약한 운영체제	1.4 패치 관리 [1.4.1]	• 최신 보안패치 적용

[그림 71] 디지털헬스케어 서비스 보안 위협에 따른 보안요구항목 및 보호대책 : 서버

라) 인프라: WEB 서버 보안 유형

유형	보안위협	보안요구항목	보호대책
인증 및 허가	인증우회	2.1 접근제어 [2.1.1]	• 프로세스 권한 제한
데이터 보안 및 안전한 통신	신뢰할 수 없는 데이터 송수신	2.2 보안 설정 [2.2.3, 2.2.5]	• MultiViews 옵션 비활성화 • 파일 업로드 및 다운로드 제한
	데이터 노출 및 변조	2.2 보안 설정 [2.2.2]	• 응답 메시지 헤더 정보 제거
안전한 기기 관리 및 물리적 보호	악성행위	2.2 보안 설정 [2.2.1, 2.2.4]	• 불필요한 파일 제거 • HTTP Method 제한
	중요 설정 임의 변경	2.1 접근제어 [2.1.2]	• 디렉터리 쓰기 권한 설정
	오류 대응	2.2 보안 설정 [2.2.6]	• 로그 설정 관리
	취약한 운영체제	2.3 보안 패치 [2.3.1]	• 최신 패치 적용

[그림 72] 디지털헬스케어 서비스 보안 위협에 따른 보안요구항목 및 보호대책 : WEB 서버

마) 인프라: DBMS 보안 유형

유형	보안위협	보안요구항목	보호대책
인증 및 허가	과도한 권한 부여	3.1 계정 관리 [3.1.3]	• 데이터베이스 관리자 권한 제한
		3.3 옵션 관리 [3.3.1]	• DBA 계정의 Role 설정
	연속된 인증시도	3.2 접근 관리 [3.2.3]	• 반복된 인증 시도 제한
	취약한 비밀번호	3.1 계정 관리 [3.1.1, 3.1.2]	• 디폴트 패스워드 변경 • 패스워드 정책 설정
데이터 보안 및 안전한 통신	데이터 노출 및 변조	3.2 접근 관리 [3.2.1, 3.2.2]	• 원격에서 DB 접속 제한 • 시스템 테이블 접근 제한
안전한 기기 관리 및 물리적 보호	오류 대응	3.4 패치 관리 [3.4.2]	• 데이터베이스 감사기록 설정
		3.5 로그관리 [3.5.1]	• Audit Table 접근 권한 설정
	취약한 운영체제	3.4 패치 관리 [3.4.1]	• 최신 패치 적용 점검

[그림 73] 디지털헬스케어 서비스 보안 위협에 따른 보안요구항목 및 보호대책 : DBMS

3) 웨어러블 의료기기[43]

MIT Media Lab에 따르면, 웨어러블 디바이스는 신체에 부착하여 컴퓨팅 행위를 할 수 있는 모든 것을 지칭하며 일부 컴퓨팅 기능을 수행할 수 있는 애플리케이션까지 포함하고 있다.

웨어러블 디바이스는 유형에 따라 크게 휴대형(Portable), 부착형(Attachable), 이식/복용형(Eatable)으로 분류할 수 있다. 휴대형은 스마트폰과 같이 휴대하는 형태의 제품으로 안경, 시계, 팔찌 형태의 디바이스로 제공되고 있으며, 부착형은 패치(patch)와 같이 피부에 직접 부착할 수 있는 형태로 5년 이후에는 본질적으로 상용화가 될 것으로 예상된다. 이식/복용형은 웨어러블 디바이스의 가장 궁극적인 단계로 인체에 직접 이식하거나 복용할 수 있는 연결된 디바이스 수단으로 사용될 것으로 예상된다.

헬스케어 웨어러블 디바이스는 사용 주체에 따라 활용 범위가 달라지는데 개인의 경우, 질병 예방 및 건강관리서비스 영역에서 사용자가 주도적으로 자신의 건강정보를 수집, 분석하는 'activity tracker'로 활용된다. 의료기관의 경우 현 의료법을 비롯하여 관련 규제와 정책, 불충분한 안전 및 효능성 검증 등으로 진단·치료 영역에서의 활용이 제한된다.

가) 휴대용 웨어러블 의료기기

인공지능, 사물인터넷, 웨어러블 디바이스, 스마트폰, 클라우드 컴퓨팅 등 디지털 기술이 기존 의료 시스템과 빠르고 광범위하게 접목되고 있다. 최근 개발되고 있는 의료기기들은 클라우드 및 개인건강기록(PHR) 등을 연계하면서 데이터를 분석하고 이용자에게 안내해주는 지능형 인터페이스를 제공하고 있다. 의료기관용 디바이스는 보다 더 정밀한 진단과 치료의 오진 비율을 줄이기 위한 방향으로 발전해 나가고 있으며, 특히 인공지능 기술도입을 통한 영상진단 등 의학적 판단, 유전자 분석, 신약개발 등 다양한 분야에 활용하고 있다. 그 외에도 수면 상태, 스트레스, 음식 섭취정보를 추적할 수 있는 웨어러블 디바이스와 같이 기존 제품과 스마트기술의 융복합을 통해 개인 건강관리 기기를 이용한 서비스를 제공하고 있다.

웨어러블 의료기기는 만성질환 관리, 원격의료 등 기존의 스마트 헬스케어 중심으로 형성되고 있다. SW 기술과 건강관리 서비스 기술은 새로운 사업모델의 발굴을 통한 신규 시장의 확대를 목적으로 기술 개발이 진행되고 있으며, 대기업 중심으로 밴드 형태의 웨어러블 디바이스 제품을 출시하여 스마트폰과 연계한 다양한 서비스 제공하고 있다. 또한, 중소기업 중심으로 혈압계, 혈당계, 체지방 측정계 등 체외진단 디바이스 제품을 출시하고 있다.

다음으로, 관계부처 공동으로 병원 연계를 통하여 4차 산업혁명 핵심기술인 IoT, 클라우드, 빅데이터, 모바일 기반의 스마트 헬스케어 디바이스 개발을 지원하고 있다. 국내 대기업에서는 전자제품과 앱으로 연동되고 스마트시계 개인 건강 및 운동 관리 등을 목적으로 신체 활동량 측정이 가능한 웨어러블 디바이스를 개발하여 출시하고 있다.

---

43) 유망시장 Issue Report 웨어러블 의료기기, 연구개발특구진흥재단, 2021.09

한의학 분야에서도 진단을 기반으로 체형 측정기기, 맥진기 등 융복합 기기를 개발하고 있으며, 시장 확보와 임상 활용을 위한 기술 고도화 및 사업화를 추진하고 있다. 한국한의학연구원은 사상체질분석툴, 맥진기, 설진기, 안면진단기 등 한방 의료기기 개발을 추진하고 있으며, 대요메디는 로봇을 이용한 맥 영상분석, 진찰 시스템 등 융복합 의료기기를 개발하고 있다.

또한, 스포츠 의류회사들이 운동량, 심박수 등 스포츠와 피트니스에 적용 가능하며, 숙면에 도움이 되는 잠옷 등 다양한 기능을 가진 스마트 의류를 개발하여 출시하기도 한다. Polo는 OMsignal과 협력하여 폴로테크 셔츠를 개발했다. 셔츠 중간 부분에 특수 섬유 소재인 실버 파이버로 제작된 측정기를 통해 심박수, 호흡수, 스트레스 수준, 이동 거리, 칼로리 소모량, 운동 강도 등을 측정하여 휴대폰 앱에 전송한다. MLB는 투수의 팔꿈치 부상 방지를 위해 팔꿈치에 가해지는 압력을 측정할 수 있는 웨어러블 센서를 경기 중에 착용하도록 허가하기도 했다. Under Amour는 실제 걸음수, 거리, 속도 등을 측정할 수 있는 신발 일체형 센서를 부착한 스마트 운동화를 출시했다. 국내의 KIST는 2019년 섬유 형태로 옷감에 삽입해 세탁해도 성능이 유지되는 섬유형 트랜지스터를 개발하고, 이를 활용해 사람의 심전도 신호를 수집했다.

나) 부착형 웨어러블 의료기기

인공지능, 빅데이터 등 데이터 분석기술이 헬스케어 분야에 적용되어 다양한 형태의 개인 건강정보 분석 솔루션들이 개발되고 있으며, 진료 및 건강관리 서비스 현장에 적용되어 질적 수준 향상에 기여하고 있다. ICFO(The Institute of Photonic Sciences)는 그래핀 플래그쉽 프로젝트를 통해 그래핀 기술을 활용한 자외선 패치와 심박 수, 수분, 산소 포화도, 호흡수 및 온도를 측정할 수 있는 피부에 직접 부착하여 사용하는 피트니스 패치를 공개했다. 삼성SDS는 초경량화 기기로 착용성이 뛰어난 차세대 웨어러블 S-Patch를 활용한 심전도 모니터링 솔루션을 제공하고 있으며, 카이스트는 플렉시블 OLED를 이용하여 빛으로 인체의 생화학반응을 촉진시키는 광 치료가 가능한 웨어러블 패치를 개발했다. 현재, 혈당을 측정하는 스마트 콘택트렌즈에 대한 연구개발이 진행 중이며, 한국식품의약품안전처에서 스마트 콘택트렌즈의 허가 심사 가이드라인을 발간했다.

다) 이식·복용형 웨어러블 의료기기

나노로봇 등의 기술을 활용하여 편의성과 생체적합성이 극대화된 형태의 생체이식형 헬스케어 기기에 대한 연구개발이 활발히 진행 중이며, 최근에는 디지털 약 등 복용형 헬스케어 기기에 대한 기술 개발도 진행되고 있다. 전통적인 생체이식형 의료기기인 인공 심박동기와 제세동기는 인체 내에 이식하여 맥박이 느린 서맥이나 치명적인 부정맥을 감지하여 순간적인 전기 충격을 통해 제거하는 역할을 수행하며, 최근 소형화, 저전력화, 무선 충전 기능 등에 대한 기술 개발이 진행 중이다.

또한, 생체이식형 기기의 사용 편의성, 휴대성, 생체적합성을 극대화할 수 있는 사용 목적 및 신체 적용 여부에 따라 딱딱하거나 부드러운 행태 중 자유롭게 선택적으로 구현이 가능한 전자기기 기술에 대한 연구가 진행되고 있다.

생체이식형 헬스케어 기기로 혈관을 따라 이동하면서 질병과 관련된 정보를 수집하고 이를 바탕으로 바로 처치하는 기능을 가진 초소형 시스템인 나노 머신 또는 나노 로봇에 대한 기술개발이 진행중이며, 복용형 헬스케어 기기로 복약 여부를 직접 확인할 수 있는 디지털 약 또한, 개발되고 있다. 디지털 약은 센서가 삽입되어 약을 복용했을 때 신호를 발생하고, 이를 피부부착 패치에서 감지하여 복약을 확인하는 방식으로 미국 FDA 승인 취득하여 시판될 예정이다.

4) 헬스케어 디지털 트윈[44]

헬스케어 디지털 트윈은 헬스케어 분야에 디지털 트윈을 적용한 것으로, 의료의 전단계(예방, 진단, 치료, 관리 등)에 디지털 트윈 적용을 통해 응용 서비스를 제공하는 것을 의미한다. 디지털 트윈 적용 범위에 따라 헬스케어 디지털 트윈(Digital Twin in Healthcare) 외에도 메디컬 트윈(Medical Twin), 임상 디지털 트윈(Digital Twin in Clinical Trials), 바이오 디지털 트윈 (Bio-digital Twin) 등의 용어가 혼용되어 사용되기도 한다.

헬스케어 분야에 디지털 트윈의 적용은 센서가 부착된 의료기기나 웨어러블기기 등과 디지털 트윈 구현기술이 상호 작용하여 데이터를 수집·분석·연계하는 것에서 시작된다.

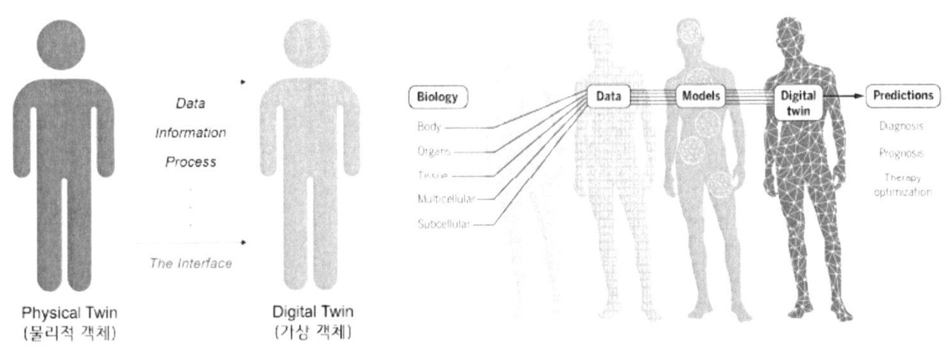

[그림 74] 헬스케어 디지털 트윈 개념도

일부 구현기술이 동일하고, 현실세계와 동일한 가상세계 구현이라는 점에서 디지털 트윈과 메타버스, 시뮬레이션의 개념이 혼용되나, 목적과 필수 개념요소에서 차이점이 존재한다.

분류	목적	필수 개념요소
디지털 트윈	현실 문제의 관리, 해결, 대응 등에 활용하기 위한 최적의 의사결정 제공	실시간 동기화(RT-Sync), 지속성(전주기)
메타버스	새롭고 다양한 경험 제공	현실세계와의 연결(Link)
시뮬레이션	실제로 실행하기 어려운 실험을 모의로 수행하여 최적의 의사결정 제공	동기화(Sync), 단일 프로세스 대상

[표 19] 디지털 트윈, 메타버스, 시뮬레이션 차이

헬스케어 디지털 트윈의 활용모델은 인체모사, 의료 인프라 등 적용 대상에 따라 구분할 수 있다. 인체모사모델은 디지털 트윈 구현기술을 환자의 인체에 적용하는 활용모델로, 진단·수술·시술·처방 등 의료행위에 대한 의사결정에 활용하는 것을 목적으로 한다. 인체모사모델은 복잡한 상관관계를 가지는 다양한 정형·비정형 데이터를 실시간 수집·결합·연계하여 중요 변수를 식별해야 하므로, 다른 산업분야 보다 높은 수준의 기술적 요구사항이 필요하다.

---

44) 헬스케어 디지털 트윈, KISTEP

인프라 활용모델은 의료서비스를 제공하기 위한 의료 인프라에 디지털 트윈 구현기술을 적용하여 활용하는 모델로, 의료서비스 질적 개선 및 고도화를 목적으로 한다. 의료기기나 병원 등 의료 인프라의 경우 제조·건설·도시 등 디지털 트윈 도입이 활발한 산업분야와 기술적용 접근법이 유사하여 디지털 트윈 적용이 용이하다.

헬스케어 디지털 트윈은 디지털 트윈 구현수준(모사 → 관제 → 모의) 기준으로 현재 1단계(모사)와 2단계(관제) 구현 수준에 도달했다.

① 1단계, 모사
현실 속 객체(대상)의 속성을 반영한 가상 3차원 모델만 존재하는 단계로, 디지털 트윈 모델에 속성 정보를 입력하여 3D 시각화만하거나 속성정보 변경 등을 통한 시뮬레이션까지 포함하여 구현하는 것을 의미한다.

② 2단계, 관제
현실세계와 실시간 연동되어 모니터링 및 제어가능한 단계로, 네트워크·데이터 인터페이스를 통해 실시간 센싱 데이터를 받으면 동시에 현실 속 객체와 1대1 매칭이 되고 모니터링 되는 것을 의미한다.

③ 3단계, 모의
디지털 트윈 요소기술이 적용된 분석 및 예측의 최적화 단계로, 가상 모델을 통해 예측·분석하여 시뮬레이션하고, 이를 기반으로 현실 속 객체를 제어하는 영역까지 구현하는 것을 의미한다.

위와 같은 3단계를 거치면서 향후 디지털 트윈 간 상호작용이 강조된 연합(Federation) 기술과 실시간 자율협력(Autonomous)이 가능한 플랫폼 서비스로 발전할 것으로 전망된다.

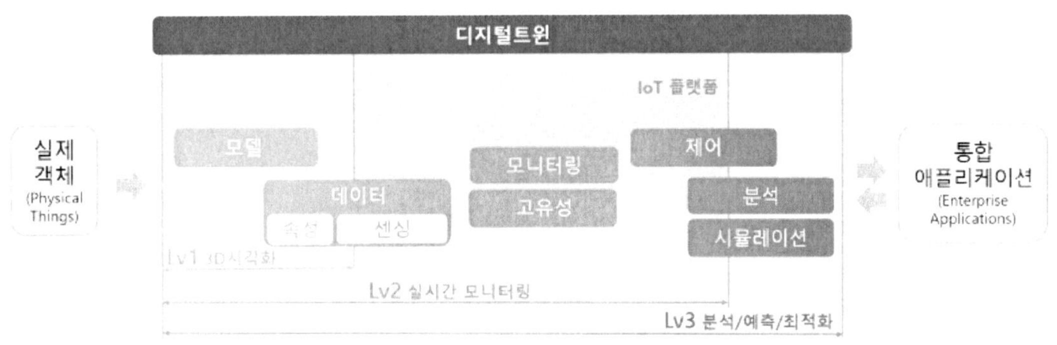

[그림 75] 디지털 트윈 구현수준

헬스케어 디지털 트윈은 현재 1단계(모사)와 2단계(관제) 구현 수준으로 임상현장에서 사용되고 있다. 기존 디지털 기술을 활용한 헬스케어 서비스는 학습데이터를 활용한 고위험도 진단·질병 발생 예측이 주 활용범위였다면, 헬스케어 디지털 트윈은 장기적으로 가상 모델을 구현하여 실시간 상태정보를 연계함으로써 환자 맞춤형 치료·처방, 예후·예측관리, 식단, 수면, 운동 등의 생활습관 관리 가이드 제공이 가능하다.

또한, 중증환자, 이식환자, 암환자 등 실시간 모니터링이 필요한 환자의 바이털데이터 등의 데이터 기반으로 가상 환자 모델을 구축하여 상시 모니터링, 시뮬레이션 기반 위급상황 대비 경고시스템 등의 지원이 가능하다.

향후 3단계까지 고도화되었을 경우, 기존 환자 인체모사모델의 축적을 통해 인구집단 모델링 고도화에 활용 가능하며, 새로운 환자 데이터는 기존 인체모사모델 기반 수집·연계·분석을 통한 효율적인 신규 환자의 인체모사모델 생성이 가능하다.

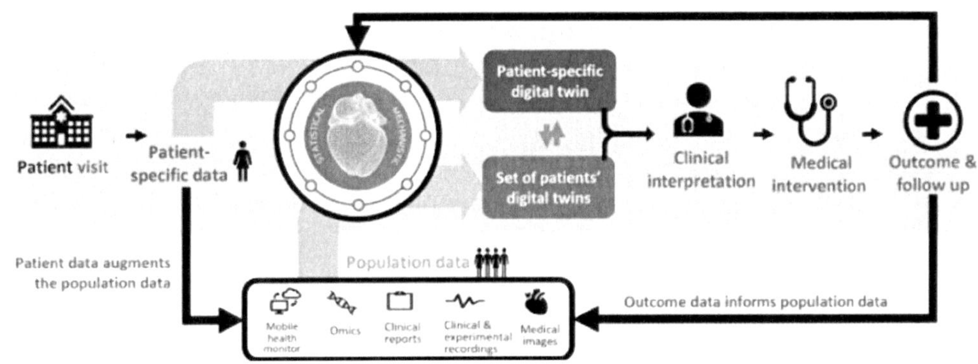

[그림 76] 3단계 수준의 헬스케어 디지털 트윈 도입 예시 모식도

헬스케어 디지털 트윈을 구현하기 위한 요소기술은 분석, 동기화, 시뮬레이션 등 구현 과정에 필요한 기술의 집합으로 구분하며, 인체 복잡성·다양성으로 인해 요소기술별 고도화 및 기술융합의 고도화가 필요하다. 헬스케어 디지털 트윈을 구현하는 과정은 센서가 부착된 의료기기나 웨어러블기기 등과 디지털 트윈 구현기술이 상호 작용하여 데이터를 수집하는 것에서 시작되며, 총 6가지 과정을 거쳐 이루어진다.

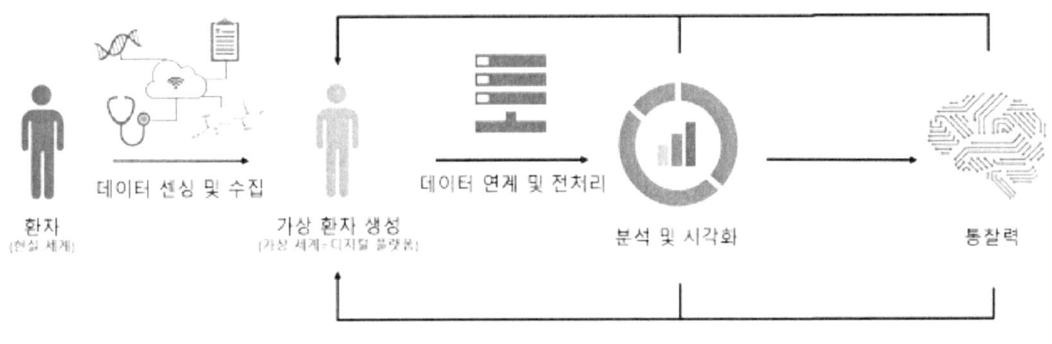

[그림 77] 헬스케어 디지털 트윈 구현 과정 모식도

①수집한 데이터로 가상공간(디지털 플랫폼)에 가상의 환자 모형(해부학적 모델)을 생성하고, ②환자와 가상환자 모형을 양방향으로 연결한 후, ③수집한 데이터를 분석하기 위해 연계 하고 전처리한다. 그 후, ④데이터 분석이 시작되고, ⑤분석(통계모델)을 통해 얻은 통찰력(Insight)은 시각화되고 가상환자 모델과 환자 간의 차이를 적시하여 분석이나 변경이 필요한 부분을 알려주며, ⑥이를 피드백하여 적용하는 과정을 통해 가상환자 모델(헬스케어 디지털 트윈)의 구현을 고도화한다.

분류	내용	예시
가시화·운영 기술	대상 현실세계를 구성하는 사람, 사물, 공간 등 구성요소의 디지털 정보화·객체화기술	AR(Augmented Reality), VR(Virtual Reality), MR(Mixed Reality), HMI(human-machine interface) 등
동기화 기술	현실 속 객체와 가상객체가 정적요소45)와 동적요소46)에 대해 실시간 상호 반영하기 위한 기술	검출정보 기반47)기술, 위치정보 기반기술, 보안 기술, 웹 서비스 기술 등
분석기술	현실 속 객체의 실시간·누적 데이터를 학습하여 판단·예측하는 기술	인공지능(머신러닝, 인공신경망(ANN), 딥러닝)
데이터·보안 기술	실시간 혹은 수집된 데이터를 저장, 전처리, 분석 및 암호화하는 기술	센싱 기술, 클라우드, 블록체인, HDFS13), 데이터 최적화 기술 등
다차원 모델링·시뮬레이션 기술	가상화된 유무형의 객체정보를 기반으로 사람, 사물, 공간 등의 정보를 분석, 예측하여 가상화하는 기술	다차원 객체추출 기술, 행동 모델링 기술 (Repast HPC, SWARM, NEtLogo, FLAME 등), System Dynamics 기법 등
연결 기술	현실 속 객체의 실시간 데이터 수집 및 현실 객체와 가상 객체 간 데이터의 원활하고 정확한 양방향 전송기술	네트워크 인프라 기술(Wi-Fi, 3G/4G/LTE/5G, Bluetooth, LPWAN 등), 서비스 인터페이스 기술 등

[표 20] 디지털 트윈 요소기술 분류

헬스케어 디지털 트윈은 제조·건축 등 타 산업분야와 달리 인체 복잡도가 높고 사람마다 매우 다른 특성을 가지며, 활용 결과가 생명과 직결되므로 보다 높은 기술 수준이 요구된다.

---

45) 정적요소 : 객체, 공간, 시각 등 한 번 정해놓으면 변하지 않고 계속 유지되는 성질을 가진 요소
46) 동적요소 : 행동, 프로세스, 예측 등 상황에 따라서 실시간으로 변하는 성질을 가진 요소
47) 검출정보 기반 : 정보의 센싱, 가공, 추출, 처리, 저장, 판난 기능

헬스케어 디지털 트윈 도입 활성화를 위해 기존 요소기술의 고도화 및 데이터 표준화·상호운용성 개선이 이루어지고 있다. 헬스케어 디지털 트윈의 핵심은 실시간 동기화 및 지속성에 있으므로, 실시간으로 정확하게 모델을 생성·분석·가시화하기 위한 기존 요소기술의 고도화 프레임워크 또는 플랫폼 연구 개발이 활성화되고 있다.

또한, 헬스케어 디지털 트윈의 통찰력(Insight) 향상을 위해 활용 데이터의 표준화 및 상호운용성 개선 지원이 이루어지고 있다. 헬스케어 디지털 트윈 활용 데이터 표준화는 크게 용어, 서식, 기술 3개 분야로 이루어지고 있으며, 주요국에서는 신유형 의료데이터 표준화 및 차세대 전송기술 표준 도입에 선제적 움직임을 보인다.

현재 개별 요소기술의 기술개발보다 기존 요소기술의 융합을 통한 헬스케어 디지털 트윈 구현 고도화를 목표로 기술개발이 추진되고 있다. 헬스케어 디지털 트윈은 인체 복잡성으로 인해 표준모델을 구축하고 임상 신뢰성 확보에 상당한 시간과 노력이 필요하므로, 기존 요소기술을 활용하여 기술융합을 통한 구현 고도화를 목표로 기술개발이 추진되고 있다.

인체 일부를 대상으로 하는 인체모사모델은 특정 질환을 대상으로 하며, 2단계 구현 수준으로 진단 및 수술·시술 시뮬레이션 기반 임상의사결정에 주로 활용되고 있다. 현재 임상에서 사용되고 있는 플랫폼은 심장·뇌질환 등 일부 질환에 국한되어 있으나, 적용 대상 확장 및 질환 예방·관리 차원의 기능을 임상 적용하기 위한 연구가 진행되고 있다.

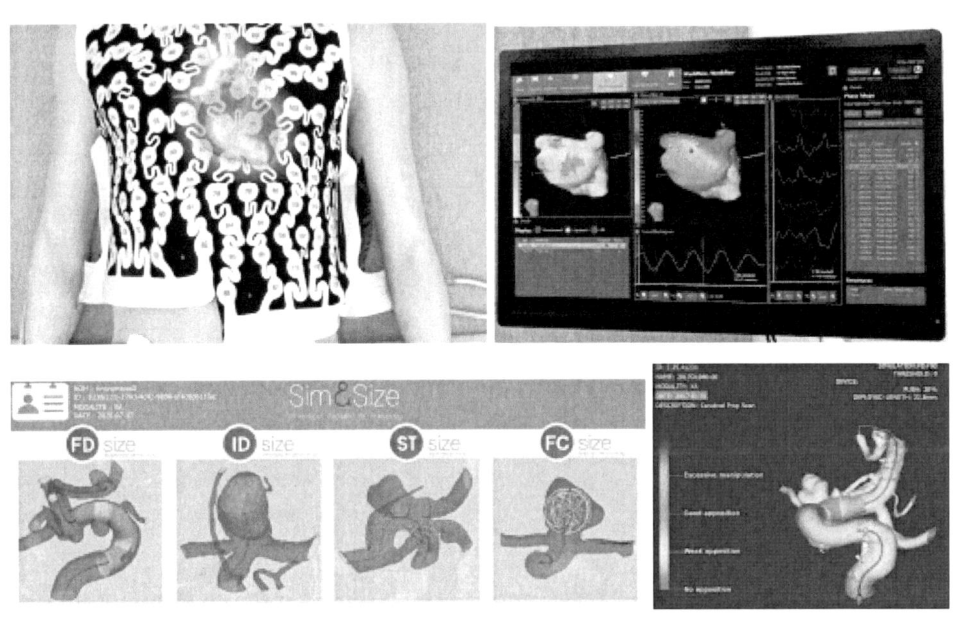

[그림 78] 환자의 인체 일부 시뮬레이션 예시(심장, 뇌혈관)

인체 전체를 대상으로 하는 인체모사모델은 1~2단계 구현 수준으로, 가상 인체의 시뮬레이션 기반 변화에 따른 시술·수술 예후 관리나 치료 프로세스 개선 등을 지원한다. 현재 특정 질환 환자를 대상으로 하는 모델이 대부분이며, 단순 변화에 따른 데이터 제공이나 예후 관리 차원의 모니터링, 치료법 개선 등 제공 가능한 서비스가 제한적이다.

　최근 의약품 관련 데이터를 융합하여 가상인체의 체내 의약품 효능 및 상호작용 시뮬레이션을 통해 개인 맞춤형 복약을 지원하는 솔루션도 개발되어 제공되고 있다.

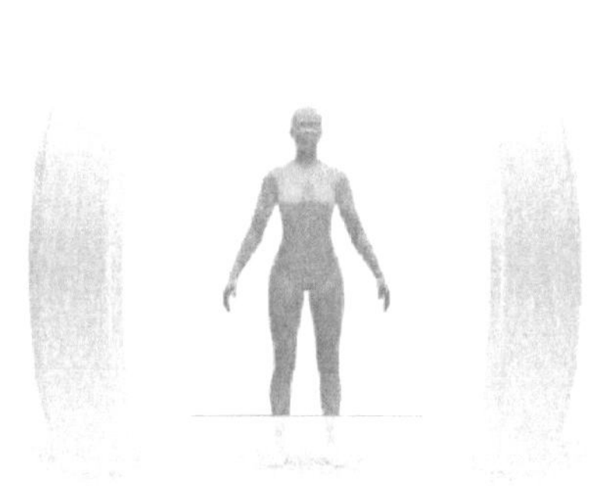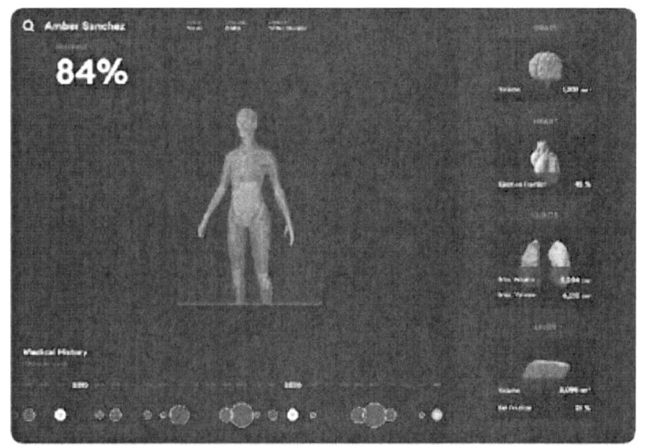

[그림 79] 환자의 전신 시뮬레이션 예시

　헬스케어 디지털 트윈의 활용 서비스 범위 확장을 위해 다학제·다기관이 참여하는 협동연구 형태의 기술개발도 추진되고 있다. 인체모사모델 구현에는 여러 기계공학 및 임상학적 접근이 필요하므로, 다학제·다기관이 참여하는 협동연구 형태의 기술개발이 추진되고 있다. 복잡한 인체 구현을 위해 연구원, 전문의, 의료기기 개발사, 제약회사 등 다양한 의료분야 주체 및 규제기관(FDA)이 참여한 Dassault System의 'Living Heart Project('14~)'가 가장 대표적이며, 현재 뇌, 인체 구현 및 활용 서비스 확장을 위한 임상연구 솔루션 개발 중에 있다.

5. 디지털 헬스케어 정책 동향

5. 디지털 헬스케어 정책 동향[48]

가. 해외 정책

1) 미국

① 오바마 케어

 의료비 지출 증가, 의료수급 불균형 등 보건의료 문제 해결을 위해 미국은 디지털 헬스기술로 해결하기 위한 노력을 하고 있다. 미국의 보건의료환경은 2010년 3월 시행된 오바마 케어라 불리는 환자보호 및 부담적정보험법(Patient Protection and Affordable Care Act, PPACA) 또는 부담적정보험법(Affordable Care Act, ACA)을 통해 새 국면을 맞이하였고, 디지털 헬스 환경과 산업에도 영향을 미쳤다.

 ACA의 경제와 임상적 건강을 위한 건강정보기술(Health Information Technology for Economic and Clinical Health, HITECH) 조항은 의료 제공자가 연방에서 승인 한 IT 시스템을 구현하도록 수백억 달러의 인센티브를 제공했다. 전자건강기록(Electronic Health Records, EHR)으로 널리 알려진 이러한 시스템은 의료개혁의 핵심이었으며 디지털 건강 혁신을 위한 가장 강력한 플랫폼을 만들었다. 2010년 ACA 채택 이후 대부분(96%)의 병원에서 전자건강기록을 도입하였고, 디지털 의료 관련 기업이 신설되고 투자도 증가했다.

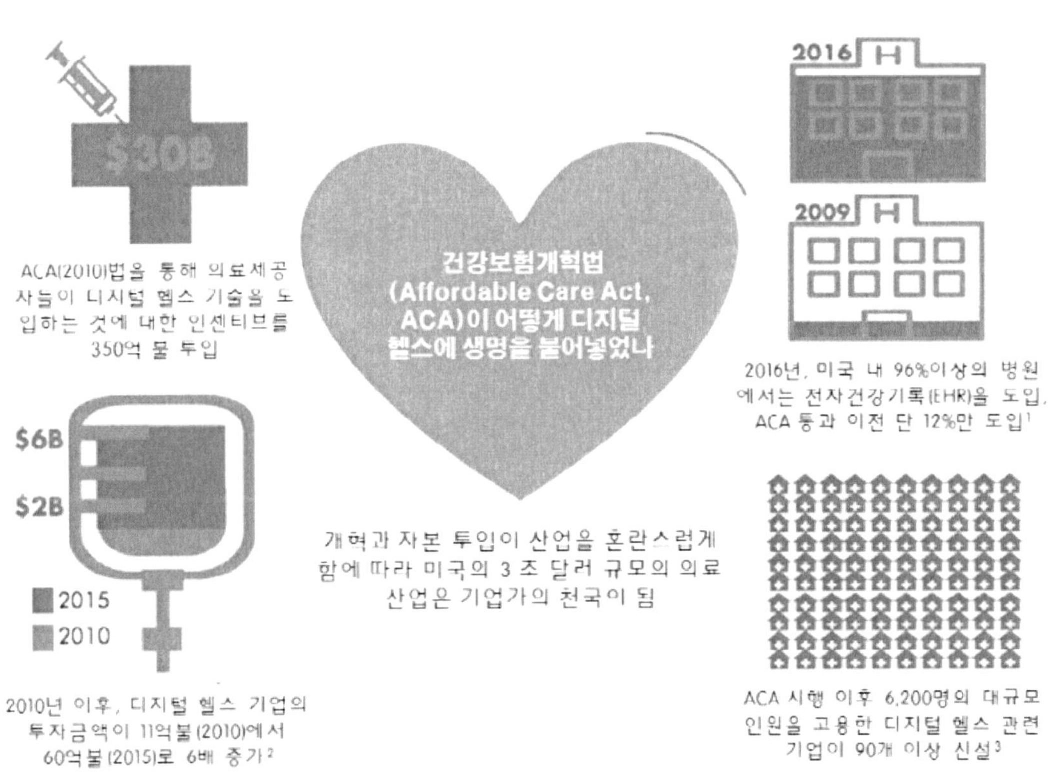

[그림 81] 미국 오바마케어와 디지털 헬스

---

48) 공공형 디지털 헬스케어 서비스 현황 및 발전방향, 한국건강증진개발원, 2020

② 디지털 건강 혁신 행동 계획

 식품의약국(Food and Drug Administration, FDA)은 2017년 디지털 건강 혁신 행동 계획(Digital Health Innovation Action Plan) 발표를 통해 안전하고 효과적인 디지털 건강기술 및 제품 생산을 촉진하려는 노력을 기울이고 있다. 실행전략으로는 21세기 치료법(21st Century Cures Act) 등과 관련된 가이드라인 제시, 디지털 헬스제품에 대한 규제 재구성, 전문가 양성 등 3가지를 제시했다.

입법을 시행하는 새로운 가이드라인 제시
(Issuing new guidance implementing legislation)

- 21세기 치료법에서 제시하는 여러 의료용 소프트웨어 조항에 대한 해석과 함께 새로운 가이드라인 초안 제시
- 임상적 결정 지원 소프트웨어(Clinical Decision Support Software)에 대한 새로운 가이드라인 제시
- 소프트웨어 탑재 의료기기와 그렇지 않는 의료기기에 대한 규제 가이드라인 제시
- 시판전 신고(510k)에 해당하는 의료기기에 대한 소프트웨어 변경이 어느 규제에 해당하는지에 대한 가이드라인 최종안 제시

[표 21] 새로운 가이드라인 제시

디지털 헬스제품에 대한 규제 재구성
(Reimagining digital health product oversight)

- 디지털 헬스케어 기기에 대해서는 '제품(product)'이 아닌 '개발사 (developer)'에 기반하여 규제하는 새로운 접근 프로그램 시도
- 이는 적절한 자격요건을 갖춘 회사에 '사전 승인(pre-certify)'을 부여하고, 이들이 만든 제품에 대해서는 출시 전 인허가 과정을 면제받거나, 간소화된 인허가 과정(streamlined premarket review)을 적용하게 되는 것임
- 사전 승인(pre-certify)을 부여받은 기업은 시장에 제품을 출시하여 진료 데이터(real world data)를 수집할 수 있고, 향후 FDA에서는 인허가 과정에 사용 가능함

[표 22] 디지털 헬스제품에 대한 규제 재구성

전문가 양성 (Growing our expertise)

- 디지털 헬스케어 기술에 대한 깊은 이해와 경험을 갖춘 전문가 양성을 통해 개별 제품과 기업에 대한 규제적 판단의 질(quality), 예측가능성(predictability), 일관성(consistency), 적시성(timeliness), 효율성(efficiency) 개선
- 초빙 기업가(Entrepreneurs in Residence program, EIR) 운영을 통해 업계 리더들과 소프트웨어 개발에 실제 경험이 있는 외부 전문가들로부터 도움을 받아 전문성 강화

[표 23] 전문가 양성

또한, 식품의약국(FDA)은 2020년 9월 의료기기평가부(Center for Devices and Radiological Health, CDRH) 내에 '우수 디지털헬스 센터(Digital Health Center of Excellence)'를 설립했다. 이를 통해 모바일 건강기기, 의료기기로서의 소프트웨어, 의료기기로 사용되는 웨어러블과 의료제품 연구에 사용되는 기술 등 디지털 헬스 분야의 발전을 적극 추진할 방침이다. 센터는 주로 기술적 조언을 제공하고, 식품의약국(FDA) 전체에서 수행되는 작업을 조정 및 지원하고, 모범 사례를 발전시키고, 디지털 헬스기기 감독을 재구상하여 환자에게 고품질의 디지털 헬스 기술을 제공한다는 목표를 내·외부 이해 관계자가 달성하도록 돕는 데 주로 초점을 맞추고 있다. 또한, 디지털 헬스 전문가와 네트워크를 만들고 협력 커뮤니티에 참여하여 디지털 건강 이슈와 우선순위 관련한 지식과 경험을 공유한다.

필수적인 부분은 디지털 헬스 기술을 발전시키는 전략적 이니셔티브를 시작하고, 디지털 헬스에 대한 규제 과학 연구에서 시너지를 촉진시키며, 전략적 파트너십을 촉진하고 구축하는 등 디지털 헬스 기술의 발전을 보완하기 위해 제공될 활동이 포함된다. 식품의약국(FDA)의 규제와 감독 역할의 틀 내에서 디지털 헬스 기술에 대한 과학과 증거를 전략적으로 발전시키기 위해 노력하고 있다.

2) 독일[49]

 독일은 인구의 약 90%가 법정건강보험(statutory health insurance)에 가입되어 있고, 연간 의료비 지출액이 2019년 기준 GDP의 11.7%(OECD, 2020)로 유럽연합 국가 중 가장 큰 의료 소비국이나 디지털화 수준은 낮은 상황이다. 독일의료관리협회(BMC)와 McKinsey 연구에 따르면 독일 의료시스템이 완전히 디지털화 되었다면 최대 340억 유로의 잠재적 가치(잠재적 절감 효과)를 실현할 수 있을 것이라는 보고가 있을 정도다.

① 디지털헬스케어법
 2016년 전자 건강법(E Health Act)6)이 통과되면서 의료의 디지털화를 위한 기반이 마련되었으며, 2018년 이후 원격의료 금지를 전제로 했던 여러 법 규정을 정비해 세계 최초로 건강 애플리케이션(앱)을 통한 처방을 가능하게 하는 등 의료의 디지털화를 위해 지속적으로 노력하고 있다. 특히, 2019년 디지털 헬스케어법(Digital Healthcare Act; Digitale Versorgung-Gesetz, DVG)을 통과시킴으로써 독일 의료체계의 디지털화를 확장시키는 계기를 마련했다.

 연방 보건부가 디지털 헬스케어법을 추진한 속도는 논의를 시작하고 법안이 통과되기까지 18개월 밖에 소요되지 않았다. 그만큼 디지털화를 통하여 의료서비스를 혁신하겠다는 의지를 엿볼 수 있는 부분이다. 디지털 헬스케어법(DVG)은 법정건강보험이 적용되는 모든 개인에게 특정 디지털헬스 어플리케이션에 대한 혜택을 받을 수 있는 권한을 부여하였다. 즉, 보험자가 이용비용을 지불하게 되는 것이다. 디지털 헬스케어법(DVG)의 주요 사항은 아래와 같다.

(1) 전자환자기록 의무화
 디지털 헬스케어법(DVG)에 따르면 법정보험회사는 2021.1.1.부터 고객에게 전자환자기록을 제공해야 하며, 의사나 병원, 약국과 같은 의료서비스 제공자는 요청 시 환자에게 의료, 중재 및 약물에 관한 데이터를 제공할 의무를 규정했다.

(2) 디지털건강앱(DiGA)의 처방 및 급여
 디지털건강앱(DiGA)은 질병의 예측과 치료를 지원하고, 환자가 건강한 생활습관을 유지하도록 돕는 디지털 도우미라 할 수 있는데, 디지털 헬스케어법(DVG)은 건강보험에 가입한 사람들이 이런 앱을 통한 치료를 받을 자격이 있다고 보고, 의사가 환자에게 처방할 수 있도록 했으며, 의료서비스의 일부로써 법정건강보험의 급여대상으로 포함시켰다.

② 디지털건강앱(DiGA) 관련 디지털헬스케어법(DVG) 특징
(1) 디지털건강앱(DiGA)의 정의와 조건
 디지털헬스케어법(DVG)에서 최종적으로 정의된 디지털건강앱((DiGA)은 위험도가 낮은 의료기기만 해당되며, EU가 정한 의료기기지침(MDD)에 따르면 Class I 및 Class IIa 의료 기기 (낮음에서 낮음/중간 위험, 측정기능 포함 또는 미포함)에 해당된다.

---

49) 독일 디지털헬스케어법의 건강관리앱 처방제 도입과 건강관리서비스 시사점, 보건산업브리프, Khidi, 2020

디지털건강앱((DiGA)은 환자와 함께 의료서비스 제공자에게 질병이나 부상, 장애의 인식, 치료, 완화를 지원하는 것을 목적으로 하고, 이런 목적이 주요 디지털 기능을 통해서 달성되는 기기에 해당하며, 일반인이나 의사만 활용하는 앱은 해당되지 않는다.

DiGA의 정의 및 특성

- 위험 등급 I 또는 IIa의 의료 기기만 해당한다.
- DiGA의 주요 의료 목적은 디지털 기능을 통해 달성되어야한다.
- DiGA는 질병, 부상, 장애의 인식(모니터링 포함), 치료 또는 완화를 지원한다.
- DiGA는 일반인을 대상으로 일차적인 질병 예방을 돕는 앱은 해당되지 않는다.
- DiGA는 환자 또는 환자와 의료 서비스 제공자 함께 사용한다. 즉, 의사만 사용하는 앱(실습 장비)은 DiGA가 아니다.

[표 24] DiGA의 정의 및 특성

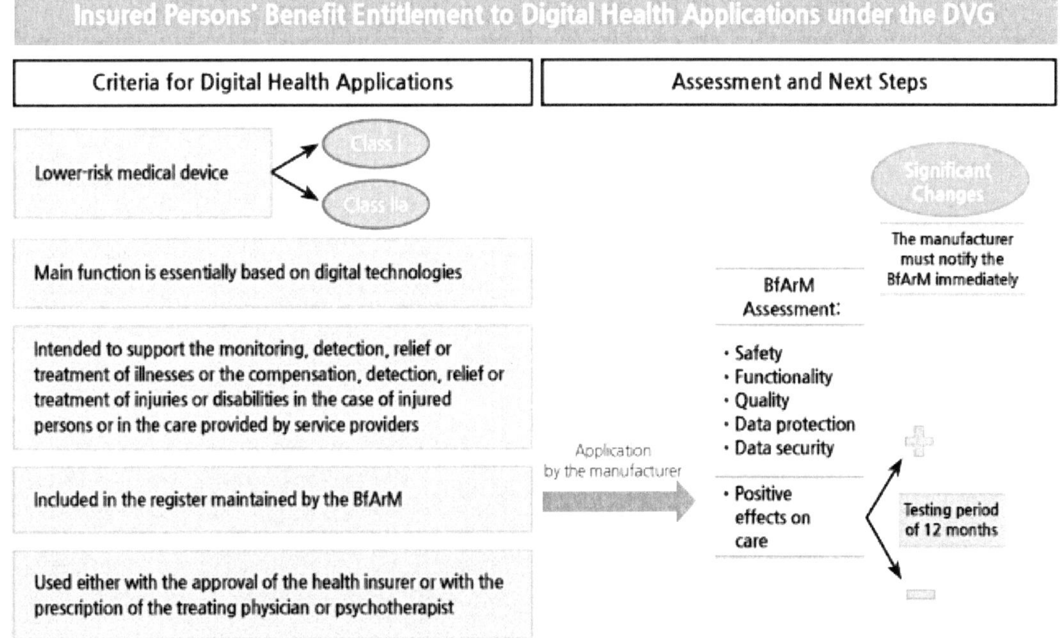

[그림 82] 독일 디지털 헬스케어법(DVG)의 헬스앱 기준 및 평가요소

		Not a DiGA	DiGA
하드웨어 +앱 (Combination with Hardware)	데스크탑/브라우저 기반 앱		제품사양: 웹기반 앱이 가상현실 상황에서 디지털 방식으로 시력이 저하된 환자의 시각 운동 지원 → 의료기능적 요구사항이 충족되면 브라우저 또는 데스크톱 기반의 응용 프로그램도 DiGA에 해당됨
	밴드 연결 앱	제품사양: ChestBand를 통해 호흡 일시중지를 감지하고 야간의 일시중지 횟수 알림 → 호흡 일시중지 측정의 주요기능은 DiGA의 디지털 서비스에 해당되지 않음	제품사양: ChestBand는 수면 무호흡증 환자의 호흡 일시중지를 감지하고 앱은 사용자에게 야간의 일시중지 횟수 알림. 스마트워치에서 생성된 데이터를 연동하여 연속적인 심박수 증가 측정, 호흡 일시중지를 훨씬 더 정확하게 기록/평가, 필요한 경우 추가진단 제안 → 추가진단 단계에 결정적인 영향을 미치며 질병의 인식 및 모니터링을 지원하므로 DiGA에 해당됨
	하드웨어 옵션 앱	제품사양: 스마트 워치와 연동된 데이터 입력, 결과 등록, 알림 수신 등 기능을 가진 앱 → 순수하게 플랫폼 기능을 제공하는 앱은 의료기기가 아니므로 해당되지 않음	제품사양: 환자에게 진통제 복용을 상기시키고 현재 상태에 따라 권장 복용량 정보를 제공하는 앱으로써 스마트 워치와 연동해 필요한 약물 섭취에 대한 알림 수신 기능 제공 → 중증이 아닌 질병의 치료를 지원하며, 디바이스 형식의 하드웨어와의 연결은 DiGA에 해당됨
서비스+앱 (Combination with Services)	정신건강 서비스앱	제품사양: 정신적 스트레스 상황에 있는 환자를 위해 심리 치료사와 영상/전화/채팅 대화를 진행할 수 있는 디지털 커뮤니케이션 플랫폼 → 앱의 주요기능이 의사소통 경로를 순수하게 디지털화한 것으로 대면 치료 서비스를 포함하지 않으므로 DiGA에 해당되지 않음	제품사양: 질병에 대한 정보를 제공하고, 기분과 증상을 기록하는 다이어리 콘텐츠 지원, 휴식 또는 운동에 대한 지침 제공. 경미한 우울 에피소드 환자를 위해 디지털 방식으로 설계된 의료모델 제공. 필요한 경우 채팅 봇과 연결하여 심각한 우울증 에피소드가 올 수 있는 경우에 치료 의사 또는 심리 치료사에게 자동 연락 메시지 기능 → 앱의 의료적 기능이 디지털 기능에 의해 충족되므로 DiGA에 해당됨 참고 : SHI에 의해 공인된 의사의 서비스임을 신청절차에서 증명해야 함
	영양관리 서비스앱	제품사양: 만성염증성장증후군(chronic inflammatory bowel syndrome) 환자에게 영양사와 같은 비의료 서비스 제공자와의 채팅 또는 전화통화를 통해 상담 안내 → 영양사의 서비스가 제거되면 주요기능이 디지털로 제공되지 않으므로 DiGA에 해당되지 않음	제품사양: 만성염증성장증후군(chronic inflammatory bowel syndrome) 환자에게 질병 및 영양에 대한 정보 제공. 증상기록(예: 일기), 디지털 방식으로 설계된 의료 모델을 제공하고, 알고리즘을 통해 영양 계획 제공. 식품 스캔 기능이 있는 디지털 쇼핑가이드를 통해 개인별 식사평가 가능. 필요 시 챗봇과 접촉하여 상담 가능 → 앱의 의료적 목적이 디지털 방식으로 설계된 의료 모델로써 모든 기준을 충족하므로 DiGA에 해당됨

[그림 83] 앱의 특성별 DiGA 여부에 대한 예시

앱 구분		Not a DiGA	DiGA
다기능앱 (App in Variable Function Combinations)	다기능 앱	제품사양: 편두통 환자가 사용하는 CE 마크가 있는 의료 기기의 부품 앱으로 증상일기, 날씨 정보, 편두통 발생 가능성에 대한 정보를 제공하며, 예방 지침과 소규모 급성증상과 관련한 치료 안내 → 의도된 의료목적의 일부로만 활용되는 DiGA의 기능 범위를 고려, 의료기기의 부품으로 볼 수 있으며, 독립제품으로 판매할 수 없으므로 DiGA에 해당되지 않음	제품사양: 편두통 환자가 사용하는 CE 마크가 있는 의료 기기의 부품 앱으로 증상일기, 날씨 정보, 편두통 발생 가능성에 대한 정보를 제공하며, 예방과 소규모 급성치료 안내. 또한, 제조업체는 사용자가 다른 사람과 상호 작용할 수 있는 소셜 네트워크에 대한 유료 연결 서비스 제공 → 앱의 수수료 기반 추가기능은 DiGA 평가에 영향이 없으며, 의료 기기로서 디지털 방식으로 설계된 의료 모델이 있으므로 DiGA에 해당됨
	모듈 앱	제품사양: 앱은 별도의 의료기기로 합법적으로 판매 된 두 가지 모듈로 구성되어 있고, 모듈 1에는 고혈압 치료를위한 디지털 의료 모델로 환자가 자신의 혈압 수준을 모듈 2는 의사가 환자의 혈압수준을 고려하여 약물 처방 → 모듈 1은 DiGA에 해당되나, 모듈 2는 주로 의사가 다루는 사양으로 DiGA에 해당되지 않음	제품사양: 앱은 여러 모듈로 구성되어 있는데, 모듈 1은 우울증 치료를 위한 디지털 의료 모델로 환자가 자신의 기분 수준을 기록, 평가, 우울증 증상에 대해 정보 수신, 모듈 2는 정신과 의사 또는 심리 치료사를 위해 환자의 상태에 대한 추이를 파악하도록 도우며, 긴박한 상황에 환자를 빨리 파악할 수 있도록 도움 → 모듈 1과 2로 구성된 전체 앱이 DiGA에 해당됨. 신청서를 제출할 때 의료 제공자에게 필요한 서비스가 포함되어 있음을 표시해야 하며, 인증의 어려움으로 인해 모듈 2를 제거하는 것은 허용되지 않음.
측정기+앱 (App in Combination with a Scale)	체성분 측정기 연결앱	제품사양: 체중 측정, 체지방률 추정, 측정 데이터 기록 및 시각화 → 체중이나 체지방률을 결정하는 주요 기능이 앱의 일부가 아니며, 순수하게 데이터만 보여주는 앱은 DiGA에 해당되지 않음 제품사양: 체중측정, 체지방률 추정, 기록 및 시각화, 체중조절 및 모니터링 정보는 영양 및 피트니스에 대한 정보와 동반프로그램의 일부로 작용 → 앱은 건강한 사람들을 대상으로 하므로 DiGA에 해당되지 않음	설명: 체중 측정, 체지방률 추정, 데이터 기록 및 시각화, 모니터링에 근거해 고혈압 환자를 위한 영양 및 피트니스 정보 제공 → 고혈압 환자를 대상으로 하는 의료서비스에 해당하며, 심혈관 질환으로 이환을 예방하는 2차 예방 조치에 해당하므로 DiGA에 해당됨

[그림 84] 앱의 특성별 DiGA 여부에 대한 예시

(2) 디지털건강앱(DiGA)의 긍정적 효과 입증

디지털건강앱조례(DiGAV)에서는 디지털건강앱((DiGA)이 법정건강보험에 의한 급여 자격을 얻으려면 치료에 긍정적인 영향을 미친다는 증거를 입증해야 함을 명시하고 있다. 디지털건강앱((DiGA)의 긍정적인 효과를 뒷받침하는 시험평가는 독립적인 기관에 의해 수행되어야 하고, 모든 증거는 독일 시장과 관련이 있어야 한다. 즉, 연구는 독일에서 수행되어야 하며, 외국 인구집단에 대한 연구 또는 의료 상황이 독일과 비슷하다는 것을 입증할 수 있는 경우에 예외가 적용될 수 있다.

긍정적인 효과의 증거는 근거기반 의학을 바탕으로 증명되어야 하며, 후향적 연구와 전향적 연구 모두 허용되지만 후향적 데이터가 설득력이 없는 경우 전향적 데이터가 필요할 수 있고, 디지털건강앱(DiGA)이 진단장치와 연결된 경우 민감도와 특이성에 대한 증거를 제출해야 한다.| 또한, DiGA 패스트트랙 가이드에서는 디지털건강앱((DiGA)의 긍정적 효과를 시험평가하는 방법을 안내하면서, 관절염, 정신질환, 만성통증, 뇌졸중, 만성수면부족 등의 질환에 대하여 표준 임상스터디 디자인 예를 제공하고 있다.

긍정적 효과의 범주	**〈의료적 효과〉** 건강상태 개선, 질병기간 단축, 생존 연장, 삶의 질 향상 **〈환자 치료 과정 개선〉** 치료 절차 조정, 지침 및 표준 치료의 조정, 치료 이행, 진료에 대한 접근 촉진, 환자 안전, 환자의 질병 이해 향상, 환자 자율성 향상, 환자와 보호자의 질병치료 부담 감소
긍정적 효과의 표시사항	• 환자그룹 • 의료기기법에 따른 용도 • DiGA의 기능 • DiGA의 내용 • DiGA에 대한 부가 설명(예: 광고 및 판매실적)
긍정적 효과의 입증에 대한 요건	DiGA를 적용하지 않는 것보다 적용하는 것이 더 낫다는 비교 연구 결과를 제시해야 함 **〈비적용 그룹〉** • DiGA를 사용하지 않은 치료 그룹 • 치료하지 않은 그룹 • DiGA에 등록된 유사한 앱을 활용한 치료 그룹
긍정적 효과의 평가실험 관련 참고문헌	• Craig et al., 2008: https://www.bmj.com/content/337/bmj.a1655 • Moore et al.,2015: https://www.bmj.com/content/350/bmj.h1258 • Pfaff et al., 2009: https://www.netzwerkversorgungsforschung.de/index.php?page=memoranden • Ahrens et al., 2007: https://www.dgepi.de/assets/Leitlinien-undEmpfehlungen/Leitlinien_fuer_Gute_Epidemiologische_Praxis_GEP_vom_September_2018.pdf • Swart et al., 2015: https://europepmc.org/article/med/25622207

[그림 85] 긍정적인 효과의 입증 관련 사항

긍정적인 효과의 입증은 업체로서는 도전적 상황이며, 많은 제조업체는 앱의 효능에 대한 충분한 증거를 입증하지 못할 것이라는 전망도 있다. 임시 등록은 가능하지만 앱을 사용하지 않았을 때와 비교해서 앱 사용의 효과를 1년의 기간 안에 밝히는 것은 쉽지 않을 수 있기 때문이다.

| 첫해에 충분한 증거를 제공하지 못하는 경우라도 이후 입증 가능성이 높은 경우에는 연방의 약품의료기기연구소(BfArM)가 기한을 12개월 더 연장할 수 있으며, 유효한 결과를 기대할 수 없어서 등록이 거부되면 해당앱을 임시등록 리스트에서 삭제하게 된다. 등록이 거부된 앱은 새로운 증거가 제시된 경우에 한해 다시 신청이 가능하도록 하고 있다.

(3) 혁신적 도입을 위한 패스트트랙

 디지털헬스케어법(DVG)은 높은 수준의 데이터 보호 및 정보 보안을 유지하면서 환자에게 실질적인 도움을 주는 디지털 솔루션을 치료 부문에 도입하는 것을 목적으로 하기 때문에 실행 첫해에는 데이터 보호 및 보안, 투명성, 편의성만 평가되는 패스트트랙을 도입하여 보다 빠르게 디지털건강앱(DiGA)의 처방을 가능하도록 규정하였다.

 이에 따라 연방의약품의료기기연구소(BfArM)는 디지털건강앱(DiGA)을 3개월 이내에 검토하고 임시등록해 줌으로써 처방될 수 있도록 지원하고, 최종적인 디렉토리 등록을 위해 1년의 테스트기간 동안 제품의 긍정적인 효과를 증명하도록 하고 있다. 이런 임시등록 절차와 1년의 테스트 기간은 제품을 시장에 출시할 수만 있다면 효과성을 입증할 시간을 확보하는 좋은 기회가 될 수 있을 것이다.

 제조업체의 관점에서 보면 잘 정리된 가이드라인과 패스트트랙을 포함한 인증절차가 신제품 출시를 촉진하는데 도움이 되겠지만, 일부 전문가는 이런 패스트트랙에도 불구하고 디지털건강앱(DiGA)의 조건이 기본적으로 유럽연합개인정보보호법(GDPR) 및 유럽의료기기규정(MDR) 준수 제품이므로 임시등록도 쉽지 않을 수 있다고 전망하기도 한다.

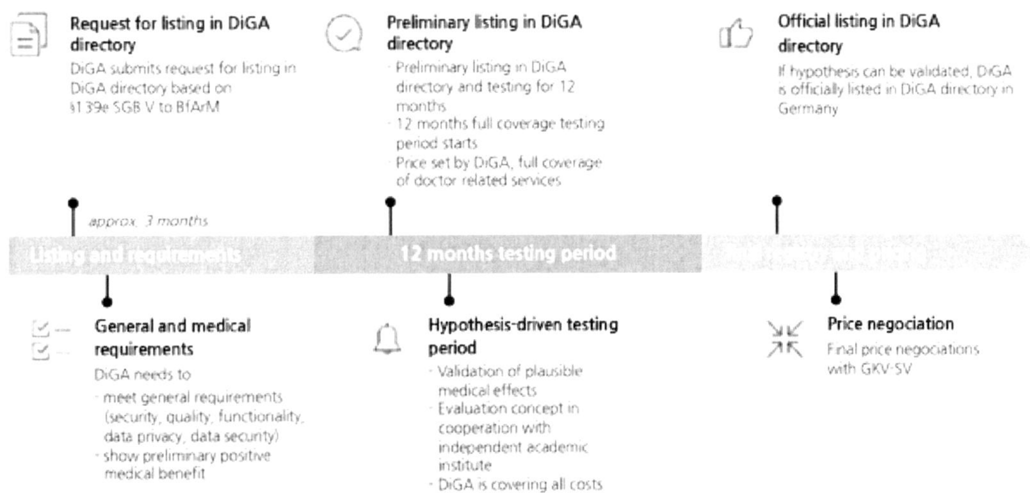

[그림 86] DVG 인증 등록을 위한 Fast Track

(4) 투명한 정보 제공을 위한 디지털건강앱(DiGA) 디렉토리 운영

 디지털건강앱(DiGA) 디렉토리는 환자와 의료 제공자에게 의료 분야에서 신뢰할 수 있는 디지털건강앱(DiGA)의 사용을 활성화하고 강화하는 것이 목표이고, 등록신청 제품이 조직적, 기술적, 실제적 수준에서 의료시스템에 보다 안전하게 수용될 수 있도록 지원하는 인프라라고 할 수 있으며, 이를 위해 연방의약품 의료기기연구소(BfArM)는 웹 사이트 (https://diga.bfarm.de/problem/de)를 운영하고 있다.

디지털건강앱(DiGA) 디렉토리는 나열된 앱의 특성과 성능에 대한 포괄적인 정보를 투명하게 제공하는 웹 포털이라고 할 수 있으며, 의사와 환자에게 사용자 친화적으로 적합한 정보를 명확하게 제시할 수 있도록 맞춤형으로 지원하고, 디지털건강앱(DiGA)의 효과, 급여 여부뿐만 아니라 법규 준수 여부, 개별 제조업체에 대한 정보까지 포함하여 포괄적인 정보를 제공하고 있다.

기기 기본사양	• 제조사 • 상품명 • DiGA 디렉토리 번호 • 의료기기 인증기관 • 의료기기법에 따른 의료용도 • 의료기기법에 따른 사용 설명서 • 의료기기법에 따른 제조사 책임 보험 및 상해 발생 시 보험 금액
환자 대상 정보	• 사용목적, 작동원리, 내용 및 사용법 • 기능 • 데이터 보호 및 정보 보안 관련 확인 체크리스트 • 품질 요건 체크리스트 • 추가비용(인앱구매여부) • 데이터 처리 기관
의료제공자 대상 정보	• DiGA 등록 여부 • 임시등록 시 시험기간 • 긍정적인 효과를 입증한 환자군 • 입증되었거나 또는 아직 입증되지 않은 긍정적인 건강관리 효과 • 진단기기가 DiGA 내에 포함된 경우의 민감도 및 특이성 • 권장 최소사용 기간 및 최대 사용가능 기간 • DiGA 사용과 관련하여 발생하는 SHI 공인 의사의 필수서비스(해당되는 경우) • 품질관리에 대한 정보 • 환자, 보호자, 의사 및 기타 의료 서비스 제공자의 역할에 대한 설명 • 의료진이 사용할 수 있는 환자 정보 • 현재 가격 또는 협상 가격
전문 의료정보	• 긍정적인 건강관리 효과의 증거로 제출된 연구자료 (연구 완료 후 늦어도 12개월 후 전체 간행물, 간행물 링크 이용 가능) • 긍정적인 건강관리 효과를 입증하기 위해 제시된 연구보고서 • DiGA 시험을 수행한 평가 기관(해당되는 경우) • DiGA를 활용하여 수행된 추가 연구 • DiGA에서 제공하는 의료 정보의 출처(참고문헌 개요가 제공되는 웹 사이트 링크) • DiGA 개발에 관여한 의료기관 또는 조직(해당되는 경우)
앱 기술정보	• 지원되는 플랫폼, 장치 및 잠재적 추가 제품에 대한 호환성 • 데이터에 수집관리에 사용되는 표준기술

[그림 87] 디지털건강앱(DiGA) 디렉토리에서 제공하는 정보

3) 일본

일본은 2016년 들어 정부의 전략 문서에 제4차 산업혁명을 적극적으로 사용할 뿐 아니라 일본이 당면한 문제와 강점을 분석하여 자국에 맞는 4차 산업혁명 전략을 수립하려고 노력하고 있다. 2017년 6월 아베정부는 성장전략 로드맵을 제시하며 '초스마트사회(Society 5.0)'라는 새로운 개념을 제창했다. 초스마트사회(Society 5.0)는 4차 산업 기술을 사회 전반에 활용하여 새로운 사회를 구현함으로써 고령화, 구인난, 자연재해, 공해 등의 사회 문제를 해결해 나가고자 하는 범 국가적 차원의 성장 로드맵이다.

일본이 추구하는 초스마트사회(Society 5.0)는 "필요한 것·서비스를 필요한 사람에게 필요할 때에 필요한 만큼 제공하여, 사회의 다양한 요구에 맞추어 세세하게 대응할 수 있고, 모든 사람이 양질의 서비스를 받으며, 연령, 성별, 지역, 언어 등의 다양한 차이를 극복하여, 활력 있고 쾌적하게 생활할 수 있는 사회"를 의미한다.

일본경제재생본부는 일본의 강점(고령화 등 사회적 문제 경험, 현실 데이터 취득)을 살릴 수 있는 분야, 국내·외 시장에서 성장이 전망되는 분야, 세계에서 경쟁력이 있는 분야를 고려하여 5대 전략 분야(① 건강수명 연장, ② 이동혁명 실현, ③ 공급사슬 차세대화, ④ 쾌적한 인프라·지역 조성, ⑤ FinTech)를 선정했다. 주요 전략 중 헬스케어 관련한 정책은 '건강수명 연장'에 제시되어 있다.

이에 따라 정부정책은 ICT 활용으로 4P(예측(Predictive), 예방(Prevention), 개인맞춤형(Personalized), 참여확대(Participatory)) 중심의 의료·헬스케어 산업으로 전환하겠다는 것이다.

① 의료 데이터 활용기반 구축
기관별로 분산되어 있는 데이터 연결을 위해 2020년까지 '전국보건의료 정보네트워크'를 본격 가동한다.

② 예방, 건강관리 강화
운동, 식생활 등 생활습관 개선으로 중병을 예방할 수 있도록 보험회사가 예방 및 건강관리를 도모하는 구조를 강화한다.

③ 환자부담 경감
의료분야 AI 개발, 화상진료 지원, 의약품 개발, 게놈 치료 등 새로운 기술을 도입하여 대면진료와 원격진료가 적절히 조화를 이룰 수 있도록 촉진하고 차기 진료보수 개정 등으로 평가를 실시한다.

④ 자립지원 촉진
간병현장에서 고령자의 자립을 돕는 로봇, 센서 등의 기술을 활용할 경우 인센티브를 강화한다. 즉, ICT 기술을 활용하여 고령자의 고유 능력과 기능적 능력을 극대화하여 건강수명을 연장한다.

2020년 4월 일본은 코로나19 감염 확대와 의료붕괴에 대한 이중 방어책으로 그간 원칙적으로 금지되었던 원격진료의 초진도 허용했으며, 10월에는 '안전성과 신뢰성을 전제로 초진을 포함해 모든 온라인 진료(영상)를 원칙적으로 허용하겠다'는 입장을 밝히기도 했다. 후생노동성은 자국민의 활발한 원격진료를 위해 실시하는 의료기관 명단을 홈페이지에 게시하여 지원하고 있고, 관련 법(의사법)도 꾸준히 보완 개정하고 있다.

또한, 일본은 2020.11월 최초의 의료용 앱이 건강보험 적용을 받아 디지털 헬스케어 혁명을 위해 움직이고 있다. 중앙사회보험의료협의회(Chuikyo)에서 2020년 11월 11일 최초의 니코틴 치료 응용프로그램인 'CureApp SC 니코틴 중독 치료 응용 프로그램 및 CO 검사'에 대해 보험급여 적용을 결정했다. CureApp SC는 환자용 앱, CO 검사기, 의사용 앱 3가지로 구성되어 있고, 환자의 호기 CO 농도 측정 결과와 환자가 어플리케이션에 입력한 흡연 상황, 질문에 대한 응답 등에 따라 환자에게 알맞은 조언을 제공함으로써 행동 변화를 촉진하여 니코틴 중독 흡연자에 대한 금연치료 보조를 목적으로 하는 '모바일 응용 프로그램(니코틴 중독의 이해 및 금연에 관한 행동 변화에 대한 메시지나 동영상 제공)'이다.

나. 국내 현황

국내 디지털 헬스케어 정책 동향을 살펴보기 위해서는 정부에서 추진하고 있는 성장 동력 사업 정책 및 계획을 살펴볼 필요가 있다.

① 혁신성장동력 추천현황 및 계획

국내에서는 2003년부터 본격적인 성장 동력 발굴 및 육성 정책을 추진하였고, 2018년 문재인 정부도 국정운영에 있어 디지털 헬스에 초점을 두고 혁신을 촉진하기 위한 노력을 기울이고 있다. 2018년 6월, 관계부처 합동으로 「혁신성장동력 추진현황 및 계획」을 마련하여 혁신성장동력 육성정책의 성과를 조기에 창출하고, 국민들이 손에 잡히는 4차 산업혁명 구현을 체감할 수 있도록 성과 및 계획을 제시했다.

정부는 '혁신성장동력 육성으로 손에 잡히는 4차 산업혁명 구현' 비전 달성을 위해 13대 혁신성장동력 분야를 발표했다. 특히, 맞춤형 헬스케어는 2022년까지 통합 개인건강기록 맞춤형 헬스케어 서비스를 구현하고, 신규 수출유망 의료기기 30개를 개발한다는 목표로 연구개발과 실증사업을 추진했다.

비전	혁신성장동력 육성으로 손에 잡히는 4차 산업혁명 구현			
혁신 성장 동력 분야 (13)	**지능화 인프라** 빅데이터(D) 차세대통신(N) 인공지능(A)	**스마트 이동체** 자율주행차 드론(무인기)	**융합 서비스** 맞춤형 헬스케어 스마트시티 가상증강현실 지능형로봇	**산업기반** 지능형반도체 첨단소재 혁신신약 신재생에너지
정책 과제	1️⃣ 맞춤형 전략 : ①핵심기술 발굴, ②특허 심층분석, ③추진전략 로드맵 2️⃣ 전주기 관리 : ①신규분야 발굴, ②추진체계 개편, ③주기적 점검 3️⃣ 국민체감 확대 : ①재난안전 활용, ②규제발굴·개선			

[그림 88] 혁신성장동력 추진 목표

② 지능정보사회 구현을 위한 제6차 국가정보화 기본계획

2018년 12월, 과학기술정보통신부가 발표한 「지능정보사회 구현을 위한 제6차 국가정보화 기본계획(2018년~2022년)」에서는 디지털 혁신성장동력 발굴 전략으로 지능화 기반 산업 혁신 부문에서 헬스케어를 핵심 수요 산업으로 선정했다.

③ 한국판 뉴딜 종합계획

2020년 7월, 대통령 주재 한국판 뉴딜 국민보고대회(제7차 비상경제회의)를 개최하여 관계부처 합동으로「한국판 뉴딜 종합계획」을 발표했다. 정부는 저성장·양극화 심화에 대응하고 경제 패러다임 전환 추진과정에서 코로나19 사태로 인한 극심한 경기침체 극복 및 구조적 대전환 대응을 위해 한국판 뉴딜을 추진했다. 중심축은 디지털 뉴딜과 그린 뉴딜이고, 사회 안전망 강화 정책을 펼쳐 '2+1' 정책을 추진하겠다는 방향을 잡았다. 총 28개 추진과제를 설정하고, 보건의료 분야는 디지털 뉴딜의 '3. 비대면 산업 육성 분야'의 '7. 스마트 의료 및 돌봄 인프라 구축'에 추진 계획을 제시했다.

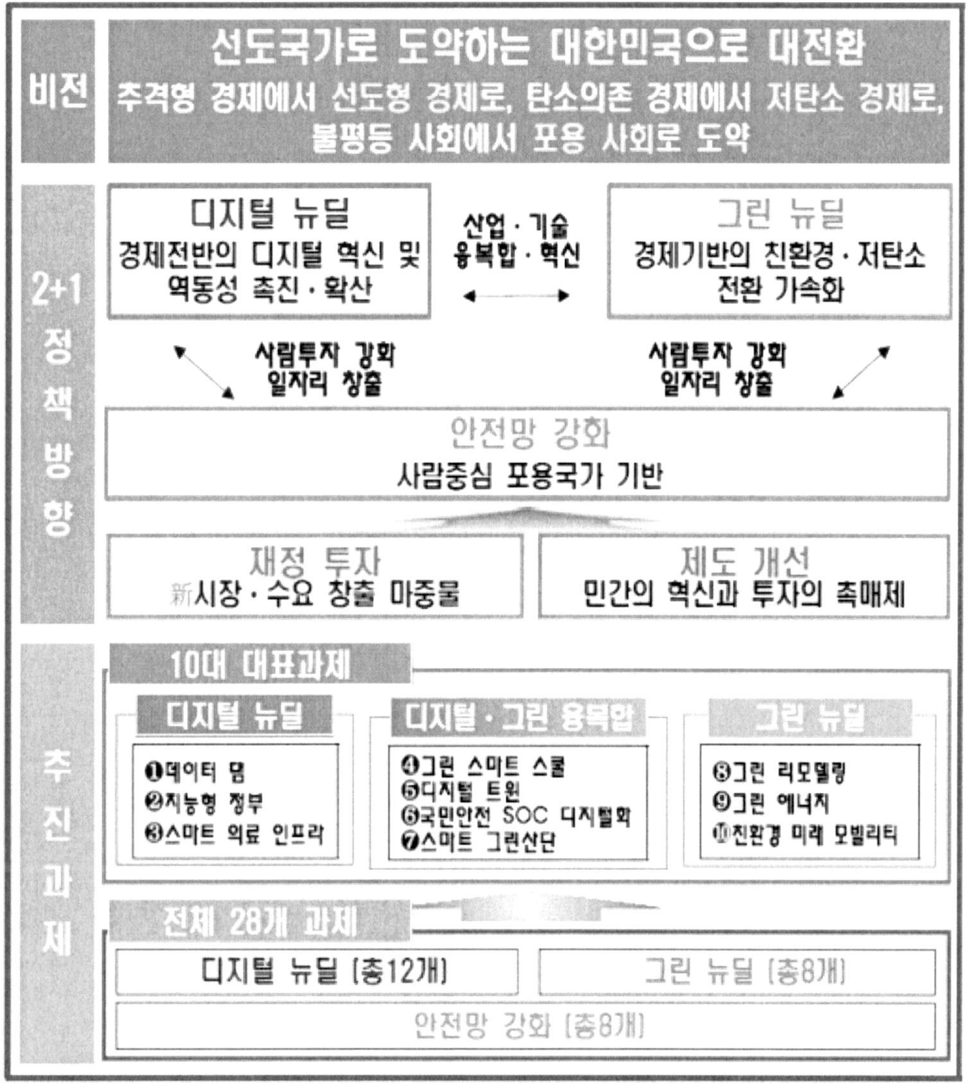

[그림 89] 한국판 뉴딜의 구조

6. 디지털 헬스케어 관련 기업

6. 디지털 헬스케어 관련 기업

가. 해외 기업[50][51]

1) Cityblock Health

[그림 91] Cityblock Health

시티블록헬스는 2017년 알파벳 산하 사이드워크랩스(Sidewalk Labs) 스핀오프로 시작해 초기에는 엠블럼헬스(EmblemHealth)와 파트너를 맺었다. 주로 공인 임상 사회 복지사와 지역 의료 파트너, 임상 전문의에 의존하는 기본 케어를 제공하고 의료 서비스를 지원해 의료비를 줄일 수 있기를 기대하고 있다. 시티블록헬스는 미국 내 4개 주요 도시에서 환자 7만 명이 이용 중이다.[52]

시티블록헬스는 2021년 4억 달러의 투자를 유치해 기업가치 57억 달러를 달성했다. 시티블록헬스는 이 투자금을 저소득층 의료보장 제도(메디케이드) 대상자들의 의료 접근성 개선을 위해 사용할 계획이다.

시티블록헬스의 대표 서비스는 Cityblock으로, 가정 내에서 커뮤니티 기반으로 버추얼 케어를 받을 수 있는 의료 서비스를 제공하는 것이다. 시티블록헬스는 메디케이트 대상자들에게 예방 치료를 제공하여 2021년 기준 응급실 방문이 15% 감소했으며, 입원환자가 20% 감소했다.

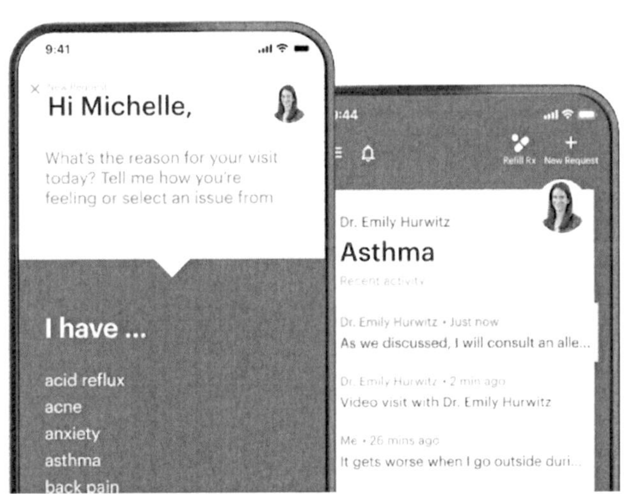

[그림 92] Cityblock

50) 품목별 ICT 시장동향, 디지털헬스케어, nipa, 2022.06
51) 품목별 ICT 시장동향, 디지털헬스케어, nipa, 2021
52) 저소득층 의료 제공…시티블록헬스, 기업가치 10억 달러, startuprecipe, 2020.12.23

2) Olive

[그림 93] Olive

2012년도에 설립된 미국의 Olive는 워크플로우 디지털화 및 자동화를 주 사업분야로 삼고 있다. Olive는 2017년 의료 종사자들의 반복적인 수동 작업을 자동화하기 위해 Olive를 개발하여 처음으로 배포했으며, 이후 AI 소프트웨어 제공업체인 Verata Health를 인수하여 사전 승인 문제를 해결했다. 또한 이후 AI 기반 임상 분석 기업인 Empiric Health를 인수하여 수술 관련 공급망 및 임상 분석 관련 역량을 향상시켰다.

최근, Olive는 2021년 병원용 엔터프라이즈 AI를 구축하기 위해 4억 달러의 신규 투자를 유치했으며, 이를 통해 제품 개발 및 인공지능 기능을 확장하고 있다.

Olive는 디지털헬스케어 솔루션 마켓플레이스인 '라이브러리(Library)'를 출시했는데 이를 통해 Olive는 자사의 고객을 대상으로 새로운 헬스케어 솔루션 제품과 서비스를 판매할 수 있는 유통 채널을 제공한다. 또한 디지털헬스 스타트업 육성을 위한 '올리브 벤처스(Olive Ventures)'를 창설하여 혁신적인 디지털헬스 분야 스타트업의 아이디어를 실현할 수 있도록 지원한다.

Olive의 대표 솔루션은 Olive로 이는 서로 다른 병원, 기관 등에서 환자 데이터 입력을 자동화하는 플랫폼이다.

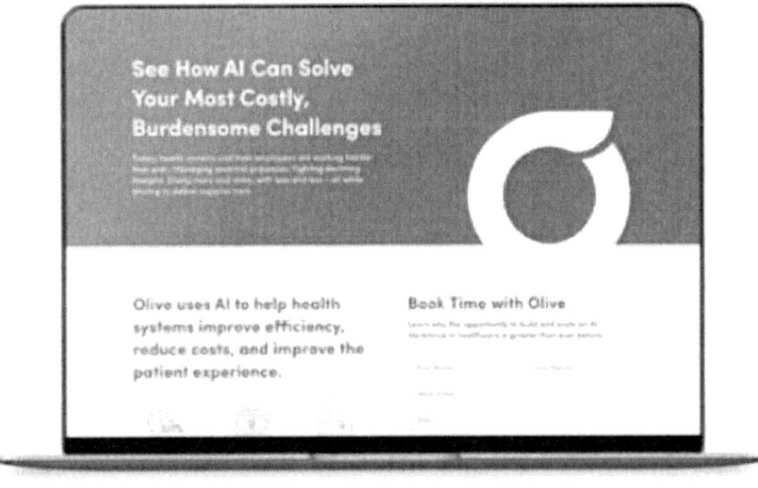

[그림 94] Olive

3) Hinge Health

[그림 95] Hinge Health

힌지헬스(Hinge Health)는 요통이나 관절통 같은 만성 근골격 질환 치료를 위한 디지털 솔루션을 제공하는 스타트업이다. 샌프란시스코에 위치한 힌지헬스는 처음에는 영국 런던을 거점으로 활동했지만 주로 미국 고용주와 건강보험을 위한 서비스를 판매하고 만성 근골격 질환에 대한 디지털 헬스케어 솔루션을 제공하고 있다.

힌지헬스 플랫폼은 웨어러블 센서 응용, 코칭을 결합해 물리 치료와 행동 치료를 원격으로 제공한다. 기본 근거는 만성 근골격 질환을 치료하기 위한 가장 좋은 방법을 보여주는 연구가 있지만 기존 의료 시스템은 자금 조달 압력과 다른 체계적 이유로 대응할 수 없다. 이런 이유로 오피오이드계 진통제나 수술을 많이 하는 경향이 있지만 결과가 좋지 않고 비용도 많이 드는 게 문제다. 힌지헬스는 기술과 데이터를 활용해 이 같은 상황을 호전시키는 것을 목표로 한다.[53]

힌지헬스는 자기관리 우선순위 대화를 유도하는 '자기관리 프롬프트(self-care prompts)' 기능을 앱에 도입해 일반적인 약력 대신 사용자가 자신의 개성을 보여줄 수 있는 정보를 입력할 수 있도록 한다. 또한, 여성 골반 건강 프로그램을 출시하여 여성 근골격계 다방면 관리, 종합 진료 팀의 비디오 방문, 단일 플랫폼으로 포괄적인 전신 치료 제공, 사전 예방 교육 제공 등을 이 앱에 포함시켰다.

힌지헬스의 대표 서비스는 디지털 MSK 클리닉으로 이는 웨어러블 센서를 통해 운동 자세를 교정하고 실시간 피드백을 제공한다.

[그림 96] 디지털 MSK 클리닉

---

53) 요통·관절통 치료 돕는 디지털 솔루션 스타트업, 이석원, startuprecipe, 2021.01.31

4) Caris Life Sciences

[그림 97] Caris Life Sciences

캐리스 라이프사이언스(Caris Life Sciences)는 AI기만 정밀의학 회사로, 2008년에 설립되었다. 초기 캐리스 라이프사이언스는 암 진단 기술 개발 기업으로 설립되었으며, 이후 AI 기술을 활용한 암 데이터 분석 시스템을 개발했다. 캐리스 라이프사이언스는 AI를 이용해 암세포의 특징을 분석하여 환자 상태에 대한 정보를 의료진에게 전달하고, 보다 나은 치료법을 전달한다.

최근 캐리스 라이프사이언스는 8억 3,000만 달러의 투자를 유치했는데, 이번 투자는 정밀의학 분야에서 가장 큰 규모로 진행되었고, 투자금은 자사의 액체생검 플랫폼의 개발과 상업화에 활용활 계획이다. 아울러 캐리스 라이프사이언스는 액체생검 플랫폼을 광범위 암 질환에 대한 치료제 선별, 재발 모니터링, 초기 암 진단검사 등 다양한 종약학 프로그램으로 확장할 계획이다.

캐리스 라이프사이언스의 대표 솔루션은 MI FOLFOXai™와 MI GPSai™가 있다. MI FOLFOXai™는 AI 분석을 통해 특정 표적 항암제가 환자에게 효과를 보일지 판단하며, MI GPSai™는 암 전이가 발생한 환자를 대상으로 데이터를 분석하여 가장 발생 가능성이 높은 암을 진단한다.

Cancer Category	Prevalence
Lung Adenocarcinoma	93 %
Squamous Cell Carcinoma	5 %
Gastroesophageal Adenocarcinoma	1 %
Breast Adenocarcinoma	<1 %
Cholangiocarcinoma	<1 %
Pancreas Adenocarcinoma	<1 %
Central Nervous System Cancer	0 %
Cervical Adenocarcinoma	0 %
Colon Adenocarcinoma	0 %
GIST	0 %

[그림 98] Caris GPSai

5) Noom

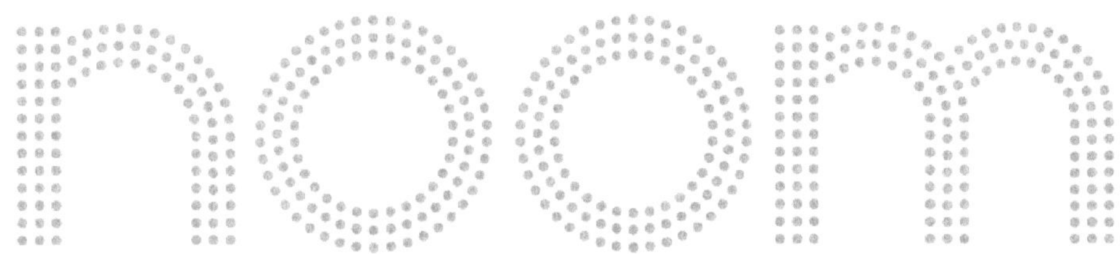

[그림 99] Noom

미국 헬스케업 기업인 눔(Noom)은 미국, 영국, 캐나다, 호주, 뉴질랜드 등 100개국에 진출해 있는 글로벌 헬스케어 기업이다. 눔은 미국 뉴욕에 본사를 둔 글로벌 기업이지만, 토종 한국인과 우크라이나 출신 기술자의 합작 스타트업이다.[54]

눔은 2008년 눔의 전신인 '워크스마트 랩스'로 설립되었으며, 2015년 삼성벤처스로부터 투자를 유치했다. 이후 2018년 이용자 수 4,500만 명을 돌파했으며, 2021년 기업가치 37억 달러를 돌파하기도 했다.

눔은 최근 5억 4,000만 달러 규모의 투자를 유치했는데, 이를 유치하면서 기업가치 37억 달러를 돌파했다. 본 투자금은 고혈압, 당뇨, 스트레스와 수면관리 등에 쓰이는 '가상치료' 임상시험에 활용할 계획이다. 눔은 현재 3,000명 이상의 정규직 헬스 트레이너들이 식습관, 행동교정 등 맞춤형 건강관리법을 제안하는 모바일 서비스를 제공하고 있으며, 약 5,000만 명의 사용자 수를 기록했다.

눔의 대표 서비스는 Noom으로 이는 등록된 헬스 트레이너가 사용자의 식습관 및 행동을 교정해주는 건강관리 앱니다.

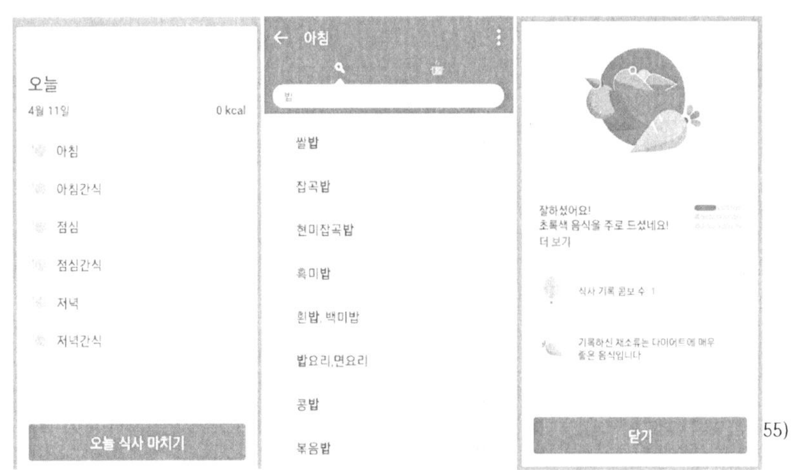

[그림 100] Noom

---

54) 한국인이 세운 美 헬스케어 유니콘 '눔(Noom)', 조선비즈, 2021.06.14
55) 삼성 글로벌 뉴스룸

나. 국내 기업[56]

1) 이모코그

[그림 101] 이모코그

이모코그는 정신건강의학과 전문의가 설립한 회사로, 치매 예방에 도움을 주는 '코그테라' 디지털 치료제를 개발하고 있다. 현재 의료기기 소프트웨어 적합성 평가를 받은 데 이어 연구자 임상 데이터를 탐색 임상으로 인정해달라고 식품의약품안전처에 제출한 상태다. 이모코그에 따르면 코그테라를 2024년에는 국내, 2026년에는 해외에서 상용화하는 것을 목표로 연구개발에 박차를 가하고 있다.

이모코그는 감정(Emotion)과 인지(Cognition)의 앞 세 글자를 따온 이름으로, 감정과 인지 관련 질병으로부터 인간의 존엄성을 보호하겠다는 목적도 담겼다. 그 이름대로 스타트업 이모코그는 감정과 인지에 연관된 질병인 치매 분야의 디지털 치료제 쪽에서 두각을 나타내고 있다.[57][58]

주요 적응증	주요 개발 치료제	개발 기술	승인현황 (최초 승인일)
경도인지장애	코그테라(Cogthera) (치매 전 단계인 경도인지장애 치료용 디지털치료제)	모바일 앱	확증 임상시험 단계 (2022.09 식약처 승인)

[표 25] 이모코그 주요 제품

① 코그테라

코그테라는 경도인지장애 환자의 인지 기능을 주기적으로 모니터링하면서 맞춤형 인지훈련을 제공하는 모바일 앱 형태의 디지털 치료제다. 코그테라는 스마트폰만 있으면 바로 사용할 수 있는 만큼 환자가 병원에 오지 않고도 원하는 시간과 공간에서 사용할 수 있다. 그밖에도 음성 대화를 이용한 편리한 사용자환경(UI), 기술 기반의 콘텐츠 자동 생성, 인지 능력 측정에 따른 개인별 훈련 등을 장점으로 지닌다.

---

56) Korea Start Scale UP, 디지털 헬스케어, 삼성증권, 2022.07
57) 이모코그, 경도 인지장애 노인 치매 진행 늦추는 디지털치료제 개발 중, 메디게이트뉴스, 2022.06.09
58) '코그테라' 앞세워 치매 관련 디지털 치료 주력, 딜사이트, 2022.08.04

경도인지장애 개선을 위한
소프트웨어 의료기기

Cogthera

코그테라는 환자의 인지기능 상태를 **주기적으로 모니터링**하고, **맞춤형 인지훈련을 제공**하여 뇌 신경망을 강화하고 *인지예비능(Cognitive Reserve)을 늘려 기억력에 도움을 줍니다.

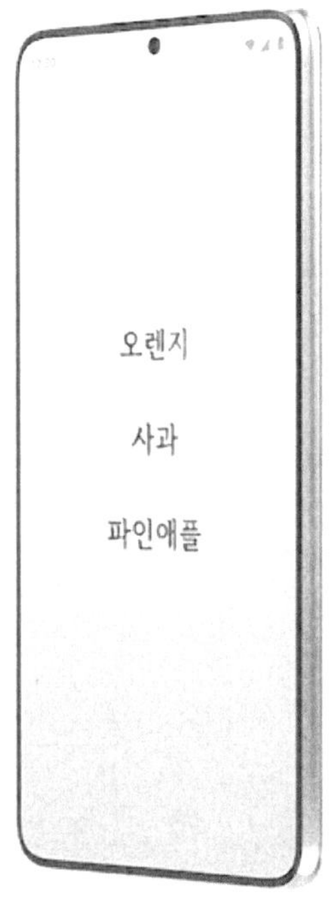

[그림 102] 코그테라

2) 아이메디신

[그림 103] 아이메디신

아이메디신은 2012년 서울대 한국인뇌파데이터센터 R&D 기반으로 설립된 기초부터 탄탄한 인공지능 뇌파 분석 플랫폼 기업이다. 측정한 뇌파를 보유한 건강인의 뇌파 데이터와 비교해 디지털 AI 뇌파 분석 알고리즘으로 뇌 기능 이상 여부와 동시에 우울, 불안, 스트레스 등 마음건강도 분석하는 기술을 보유하고 있다.[59]

아이메디신은 자체 개발한 첨단 뇌 스캐너 iSyncWave와 AI기반 클라우드 분석시스템 (iSyncBrain-C, iSyncBrain-M, iSyncHeart)을 통합하여 신경정신질환 진단/치료 플랫폼을 제공한다.

아이메디신의 핵심 제품인 iSyncWave는 뇌파와 심박변이도 검사, 뇌파 분석을 통한 개인 맞춤형 근적외선 LED 치료가 가능한 기기로, 현재 18채널 이상 각성뇌파검사에 대한 보험 급여 등재, 치매조기예측 알고리즘(iSB-M1)과 심박변이도 검사는 인정 비급여로 처방되고 있다. 근적외선 LED 치료는 알츠하이머, 뇌졸중 치료를 위한 임상 진행 중으로, 각각 23년 하반기와 24년 상반기 출시를 목표로 하고 있다.

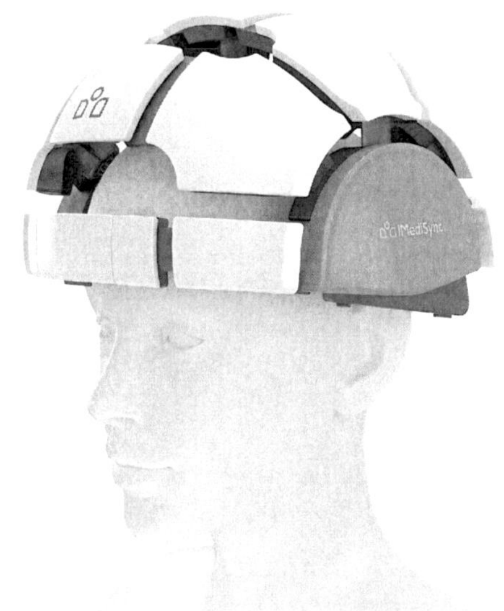

[그림 104] iSyncWave

59) 아이메디신, CES 2023서 '뉴 아이싱크웨이브(iSyncWave)' 공개, 의료기기뉴스라인, 2023.01.03

EEG(Electroencephalography; 뇌파측정) 기술은 측정의 번거로움, 장비 운영의 제한, 진단, 해석의 어려움, 성별, 연령에 따른 편차 및 정량화의 어려움으로 인해 확산이 제한되어왔다. 아이메디신은 뇌파 데이터 분석 전과정을 자동화하여 5분 내외로 결과를 확인 가능한 솔루션 iSyncBrain-M을 개발하였으며, 치매조기선별 솔루션 외에 알츠하이머성 치매, 코마 회복, 뇌졸중 인지 손상, 파킨슨 병, 우울증 등으로 바이오마커를 확대해 나가고 있다.

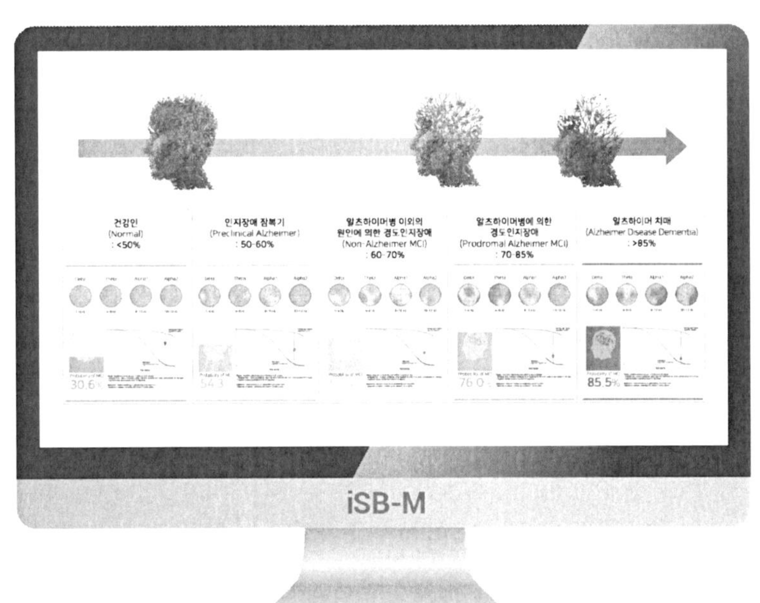

[그림 105] iSyncBrain

3) 스카이랩스

SkyLabs

[그림 106] 스카이랩스

스카이랩스는 웨어러블 의료기기와 원격 플랫폼을 통해 일상생활에서 수집된 생체 신호를 기반으로 질병을 관리할 수 있는 솔루션을 제공하는 기업이다. 대표 제품인 '카트원 플러스(CART-I plus)'가 국내 식약처 의료기기 허가 및 유럽 의료기기 품목허가 CE-MDD(Medical Devices Directive)를 획득하였으며, 최근에는 카카오헬스케어와 모바일 만성질환 관리 시스템 구축을 위한 업무협약(MOU)를 체결하며 주목을 받은 바 있다.

국내 주요 10대 사망원인 중 심장질환, 뇌혈관 질환, 고혈압성 질환과 같은 만성질환은 일상 속에서 지속적인 모니터링을 통해 병의 전조를 예측하고 관리가 가능하다. 당뇨환자들이 주로 이용하는 혈당 측정기는 침습식에서 패치형의 연속 혈당계로 변화해왔다. 스카이랩스는 기존의 커프 혈압계에서 웨어러블 연속 혈압계로의 패러다임 전환을 이끌어 가는 중으로, 반지형 바이오센서를 출시하며 여러 신체 부위 중에서도 환자의 편리성과 신호 품질을 둘다 강화할 수 있는 솔루션을 확보했다.

카트원플러스는 심박 세동 진단 정확도 96.9%를 보여주며, 산소포화도(SpO2), 심박수(HR), 심전도(ECG)를 측정하여 심/뇌혈관계 질환의 예방 및 치료를 위한 데이터를 확보한다. 사용자의 별도 조작 필요 없이 24시간 자동으로 측정 진행되며, 1회 충전으로 48시간 이상 연속 측정 가능한 편리성을 갖추었다. 편의성뿐만 아니라, 현재 웨어러블 기기로 가장 널리 쓰이는 워치형(손목 착용형) 제품에 비해 50% 미만의 오차 수준을 보여준다. 향후 연속 혈압 측정 기능과 고혈압, 심부전, 수면 무호흡, COPD 진단 기능이 추가될 예정이다.

카트원플러스를 통해 측정된 데이터를 분석 가능한 AI 플랫폼 CARTD(심박세동 진단)와 CART-A(혈압, 산소포화도 분석)를 통해 의사용 웹사이트와 환자 모니터링 대시보드를 통해 실시간으로 이상 징후 및 분석 결과를 제공할 수 있다. 코로나19 시기 백신 접종 후 부작용 모니터링 및 재택치료 환자 원격 모니터링 서비스를 제공하며 실제 활용도를 확인받기도 했다.

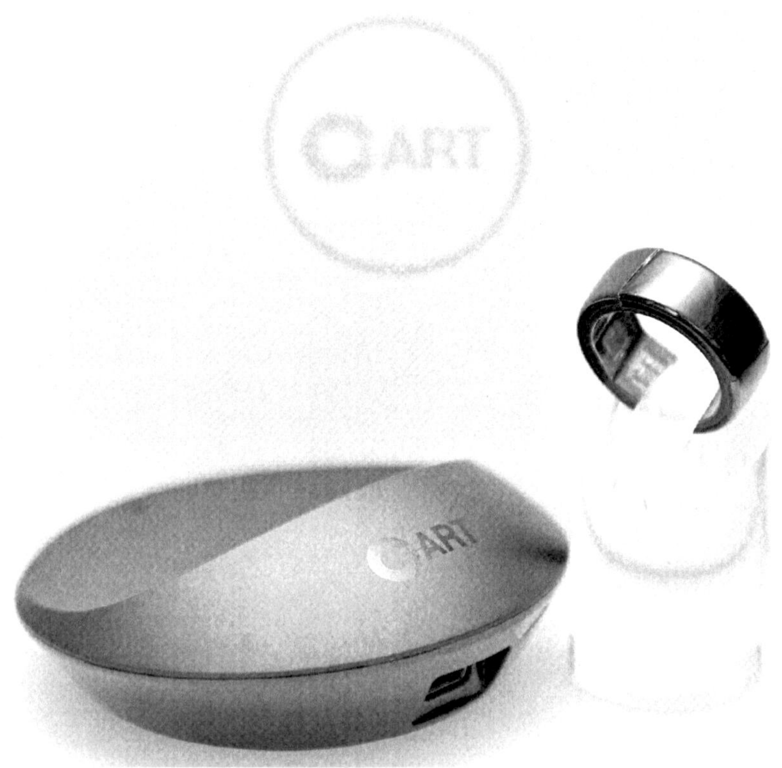

[그림 107] 카트원 플러스

4) 웰트

[그림 108] 웰트

웰트는 삼성전자의 사내 벤처 프로그램 C랩을 통해 2016년 스핀오프한 스타트업으로 웨어러블 디바이스를 개발하는 헬스케어 서비스 전문 회사다.

주요 적응증	주요 개발 치료제	개발 기술	승인현황 (최초 승인일)
불면증	필로우Rx (인지행동치료를 기반으로 수면 패턴을 개선하는 디지털 치료제)	모바일 앱	확증 임상 후 허가 신청 준비 (2022.11)
알코올 중독	WELT-A (손떨림 등을 바이오마커로 활용한 알코올 중독 디지털 치료제)	-	개발 단계
섭식장애	WELT-ED (거식증, 폭식증 등 섭식장애를 위한 디지털 치료제)	-	개발 단계
근감소증	AGAIN (근감소증 치료를 위한 개인 맞춤형 운동 앱)	모바일 앱	개발 단계

[표 26] 웰트 주요 제품

① 필로우Rx[60]

필로우Rx는 수면제 처방 전에 인지행동치료 기반으로 수면 패턴을 개선하는 디지털치료제다. 의사 처방을 받은 후 스마트폰 애플리케이션을 통해 사용하고, 환자의 수면 기록을 바탕으로 맞춤형 수면 시간과 취침 습관 등을 설계해 불면증을 해결한다.

---

60) 웰트, 불면증 디지털치료제로 세계시장 도전, 전자신문, 2022.02.14

수면관리
권장 취침시간은 7시간 30분 입니다.
8시간 30분
15분 전 알림
수면 패턴
수면관리

나의 수면 평가하기
당신의 수면 문제를 평가하기 위한
설문을 시작합니다.
확인

[그림 109] 필로우Rx

5) 휴이노

[그림 110] 휴이노

휴이노는 심전도 검사를 통해 부정맥을 진단하는 웨어러블 개발 업체이다. 손목시계형 심전도 측정기인 메모워치나 패치형 심전도 측정기인 메모패치를 부착하고 약 14일간의 심전도 데이터를 습득한 이후 AI 기술을 이용하여 6가지 동류의 부정맥을 분석할 수 있는 모델이다. 특히 홀터 심전도 측정은 심장 전문의의 판독이 필요해 측정과 진단을 예약한 이후 오랜 시간을 대기해야 하는 반면, 해당 웨어러블 기기는 AI 알고리즘(Memo A.I)이 분석해주므로 14일의 모니터링 기간 포함 약 18일의 효율적인 진단 일정이 가능하다는 장점이 있다. 또한 2021년에는 기존 24시간 홀터 심전도 측정에 비해 진단율이 82% (환자 수 기준) 상승한 임상 결과도 확보하였다.

메모워치와 AI 솔루션은 모니터링 기반의 디지털 헬스케어 플랫폼을 국내 최초로 도입한 사례이다. 2018년 메모워치가 식약처가 주최한 차세대 의료기기 100 프로젝트로 선정되었다. 2019년 2월에는 ICT 규제 샌드박스 1호 기업으로 선정되어 2019년 3월 국내 최초로 식약처로부터 웨어러블 기기로서 의료기기 인증을 받았다. 2021년에는 PhysioNet에서 주관하는 글로벌 인공지능 챌린지에서, 심전도 데이터로 부정맥 종류를 진단하는 AI 솔루션으로 2개 부문 1위를 기록하며 경쟁력을 입증하였다.

2022년 1월 휴이노의 제품 14일 사용 전 구간에서 건강보험 수가 인정을 받았다. 휴이노의 제품을 포함한 개인 디지털 의료기기의 관련 시장이 빠르게 확장될 것으로 기대된다. 이어서 2022년 4월에는 유한양행과 메모패치의 국내 판권 계약을 체결하고 시장을 빠르게 확장할 계획이다. 2023년 하반기에는 혈압계의 임상 실험, 2025년에는 혈당까지 계획하면서 웨어러블 헬스케어 제품의 영역을 확장시키려고 한다.

[그림 111] 휴이노 제품

7. 참고문헌

7. 참고문헌

[1] 디지털 헬스케어의 개화 원격의료의 현주소, PwC Korea, 2022.07

[2] 디지털 헬스케어 보안모델 PART I : 의료기기, 한국인터넷진흥원, 2020.12

[3] 디지털 헬스 산업 분석 및 전망 연구, 한국보건산업진흥원, 2020.12

[4] AI TREND WATCH 국내 디지털헬스케어의 발전방향, 정보통신정책연구원, 2021.02.28

[5] 유망시장 Issue Report : 웨어러블 의료기기, 연구개발특구진흥재단, 2021.09

[6] 모바일 헬스케어, Khepi

[7] 유비케어, 한국IR협의회, 2023.02.10

[8] 개인 맞춤형 헬스케어 산업 기술 동향, 정보통신기획평가원

[9] 품목별 ICT 시장동향, 디지털헬스케어, nipa, 2022.06

[10] CES 2023을 통해 본 미래 디지털 헬스케어, 보험평가원, 2023.02.13

[11] 코로나19 그 이후, 헬스케어 산업에 불어오는 변화의 바람, 삼정 KPMG, 2022.06

[12] 품목별 ICT 시장동향 헬스케어, NIPA

[13] 미국 바이오 산업 트렌드 - 디지털 헬스, KOTRA, 2022.06.15

[14] 저장성 헬스케어 시장 세 가지 트렌드, KOTRA, 2023.05.08

[15] 이집트 디지털 헬스케어 시장동향, KOTRA, 2023.03.20

[16] 2021년 국내 디지털 헬스케어 산업 실태조사, 산업통상자원부

[17] 한국 디지털헬스케어, 글로벌 비중 '0%대', 에너지경제신문, 2023.04.02

[18] VI. 원격의료: 코로나 시대의 새로운 의료 트렌드, 대신증권

[19] 원격의료 시장, 연구개발특구진흥재단, 2020.12

[20] 원격 환자 모니터링 시장, 연구개발특구진흥재단, 2021.03

[21] 비대면 시대, 비대면 의료 국내외 현황과 발전방향, KISTEP Issue Paper, 2020

[22] Teladoc Health, 삼성증권, 2020.05.08

[23] 미국 원격진료 서비스 시장동향, 대한무역투자진흥공사, 2020.03.26

[24] 글로벌 DNA동향 : 디지털 헬스케어 -, ICT Brief, 2020.06.26

[25] 헬스케어 서비타이제이션(Servitization) 기술 및 시장동향, KEIT PD ISSUE Report, 2021

[26] 데이터 기반 개인건강관리 시스템, 중소기업 전략기술로드맵 2021-2023

[27] 유망시장 Issue Report 웨어러블 의료기기, 연구개발특구진흥재단, 2021.09

[28] 헬스케어 디지털 트윈, KISTEP

[29] 공공형 디지털 헬스케어 서비스 현황 및 발전방향, 한국건강증진개발원, 2020

[30] 독일 디지털헬스케어법의 건강관리앱 처방제 도입과 건강관리서비스 시사점, 보건산업브리프, Khidi, 2020

[31] 품목별 ICT 시장동향, 디지털헬스케어, nipa, 2021

[32] Korea Start Scale UP, 디지털 헬스케어, 삼성증권, 2022.07

8. 부록 (디지털 헬스케어 업체 리스트)

8. 부록 (디지털 헬스케어 업체 리스트)

회사명 (대표명)	주소	연락처	매출액	주요품목
㈜딥노이드	서울 구로구 디지털로33길 55, 13층 1305호	02-6952-6001	31억 8천만	의료AI
㈜이노테라피	서울 영등포구 선유로13길 25, 1206호~1210호	02-6959-1338	27억 9,992만	의료용 지혈제
한국로슈진단	서울 서초구 서초대로 411, 17층	02-3451-3600	3,743억 9,168만	분석 시약
㈜수젠텍	대전 유성구 테크노2로 206, 2층 사무동	042-364-5001	81억 3,440만	대형 병원재 질병 진단 기기, 체외진단기기
㈜라이프시멘틱스	서울 강남구 언주로 533	1661-2858	28억 1,892만	디지털헬스 기술 플랫폼, 디지털헬스 솔루션, 디지털 치료기기
지멘스헬시니어스(주)	서울 서초구 서초대로74길 14, The Asset 10층	02-3450-0400	6,164억 7,757만	의료용 기기 제조
㈜에스알파테라퓨틱스	서울특별시 서초구 강남대로 309, 코리아비즈니스센 터 1915호	02-3487-3923	-	디지털 치료제
㈜이노테라피	서울특별시 영등포구 선유로13길 25 (문래동6가,에이스 하이테크시티2)	02-6336-6734	27억 9,992만	의료용 지혈제
㈜한독	서울 강남구 테헤란로 132	02-527-5114	5,365억 7천만	진단기기 및 시약, 컨슈머헬스
㈜에이아이트릭스	서울 서초구 효령로77길 28, 7층	02-569-5507	6억 5,954만	의료 인공지능 소프트웨어
㈜하스피케어	경기 하남시 서하남로 43번길 36, 201호(감북동, 에코빌딩)	02-6905-7100	72억 5천만	의료용고주파온열기, 전문의약품
㈜오상헬스케어	경기 안양시 동안구 안양천동로 132	031-689-5448	1,936억 1천만	의료기기, 진단키트
동아에스티(주)	서울 동대문구 용두동 249-1	02-920-8114	6,358억 3천만	의약품, 고혈압치료제

회사명 (대표명)	주소	연락처	매출액	주요품목
㈜레이저옵텍	경기 성남시 중원구 갈마치로244번길 31	031-8023-5150	300억 4,888만	의료용 기기
㈜아이메디신	서울특별시 강남구 테헤란로 411 15층	1533-4080	12억 666만	의료용 기기
㈜이우소프트	경기도 화성시 삼성1로2길 13	031-8015-6171	69억 6,580만	치과용 소프트웨어 솔루션
㈜메디팁	서울특별시 강남구 개포로 619 서울강남 우체국빌딩 10층	02-2088-3170	83억 8,993만	의료용 기기, 의약품 컨설팅
대신엔터프라이즈(주)	서울 구로구 디지털로33길 28, 401,402호,404-1호	02-2108-2198	41억 5,160만	의료용 기기
㈜헬스리안	대전 유성구 죽동로 71, 301호	042-716-7179	18억 808만	의료용 기기
와이낫	서울시 강서구 양천로 401 강서 한강자이 타워 A동 307호	070-4130-7799	-	의료용 기기
㈜루닛	서울특별시 강남구 강남대로 374 4층~9층	02-2138-0827	138억 6천만	암진단 영상판독 솔루션
㈜필립스코리아	서울 중구 소월로2길 30	02-709-1232	3,161억 9,386만	의료용 기기
㈜코어라인소프트	서울특별시 마포구 월드컵북로6길 49 4,5층	02-571-73211	21억 5,069만	AI솔루션
㈜휴런	인천 남동구 미래로 7, 10층	032-429-8508	-	뇌신경질환 AI영상진단 소프트웨어
㈜메디컬에이아이	서울 강남구 양재천로 163, 2층	02-3448-8980	10억 5,000만	원격 협진 플랫폼
바스젠바이오	서울시 마포구 마포대로 25 신한DM빌딩(대농빌딩), 8층	02-6447-0200	4억 5,180만	AI기반 바이오 빅데이터 서비스
㈜리메드	대전 유성구 테크노2로 187, 301호-303호	042-934-5560-1	201억 9505만	의료용 기기

회사명 (대표명)	주소	연락처	매출액	주요품목
㈜웨이센	서울특별시 강남구 영동대로75길 9 4층 401호 (대치동,수암빌딩)	02-568-0863	8,879만	인공지능 기반 정밀의료 솔루션
㈜메디트	서울 성북구 안암동5가 102-95 솔루션닉스 빌딩	02-2193-9600	2,713억 9천만	디지털 치과용 플랫폼 솔루션
㈜헥사휴먼케어	경기 안산시 상록구 한양대학로 55, 301동 303호	031-520-1550	1억 8,589만	의료용 기기
㈜엠디랩	서울 강서구 마곡중앙로 161-17, 8층 804호	02-3664-0830	9억 6,597만	의료용 기기
(유)짐머바이오메트 코리아	서울 강남구 삼성동 141 성원빌딩	02-538-8111	657억 4천만	의료용 기기
㈜수일개발	경기 용인시 기흥구 용구대로2325번길 62	02-3463-0041	150억	의료용 기기(인슐린펌프)
㈜켈스	경기 성남시 수정구 창업로 54, 321호	031-754-0320	125억 4,651만	면역진단키트, 면역분석장비
㈜스키아	서울 구로구 디지털로 288, 1502호	02-6953-1502	-	의료용 기기
㈜티에스디 라이프사이언스	경기도 안양시 동안구 시민대로 327번길 11-25, 2층	02-777-0315	-	의약품 임상개발 임상개발 컨설팅
㈜사이넥스	서울 강남구 역삼동 아세아타워 10층 주 10층	02-6202-3314	514억 4,059만	보건의료제품 컨설팅
한국애보트(유)	서울시 강남구 영동대로 421	02-3429-3500	1,899억 9,826만	의약품, 진단시약
㈜다우바이오메디카	서울특별시 송파구 양산로 29 다우빌딩	02-2201-3602~3	510억 6천만	의료용 기기(체외진단용)
㈜실비아헬스	서울특별시 강남구 영동대로85길 20-7 우협빌딩	070-4264-8800	4,176만	의료용 소프트웨어

회사명 (대표명)	주소	연락처	매출액	주요품목
	6층			
삼진제약(주)	서울특별시 마포구 와우산로 121	02-3140-0700	2,740억 3천만	의약품, 신약개발
㈜움트	서울 구로구 디지털로31길 19, 704호	02-2109-0450	40억	의료용 기기
㈜리메드	경기 성남시 수정구 창곡동 537	031-696-4891	201억 9505만	의료용 기기
인튜이티브 서지컬코리아(유)	서울특별시 마포구 성암로 330 DMC 첨단산업센터 A동	02-3271-3200	48억	로봇 수술기
㈜메디칼스탠다드	서울 송파구 정의로 67	02-2282-6600	94.4억	소프트웨어, 의료용 기기
씨모피셔사이언티픽 솔루션스(유)	서울 강남구 광평로 281, 11층, 12층	02-2023-0600	4,261억 7천만	의료용 기기
(주)휴레이포지티브	서울 강남구 강남대로 308, 7층	02-514-0406	35억 3천만	디지털 헬스케어 플랫폼 개발
킥더허들	서울특별시 강남구 봉은사로20길 34 (누리빌딩) 1층	070-8611-9639	294억 9천만	디지털 헬스케어
㈜뷰노	서울특별시 서초구 강남대로 479(반포동) 신논현타워 9층	02-515-6646	82억 7천만	인공지능 의료 소프트웨어
㈜케어랩스	서울 강남구 역삼로2길 16, 11층	02-6929-2340	447억 9천만	의료용 기기
미라벨소프트	서울 강남구 테헤란로22길 9, 8층	1877-4872	6억 8,656만	의료 IT솔루션 개발
웰트(주)	서울 서초구 강남대로 311, 1022호	0507-1398-0716	7억 1,853만	의료용 기기
㈜에임메드	서울시 강남구 도산대로 221, 3층	02-3015-7500	259억 2천만	디지털 헬스케어 솔루션
레몬헬스케어 (홍병진)	서울 금천구 가산디지털1로 145, 1005호	02-855-5815	42억 5천만	의료 소프트웨어 개발

회사명 (대표명)	주소	연락처	매출액	주요품목
한컴케어링크 (천창기)	경기 성남시 분당구 대왕판교로644번길 49	1800-5270	39억 9천만	디지털 헬스케어
㈜메디플러스솔루션 (배윤정)	서울 성북구 성북로 39, 2층	02-3402-3390	—	보건의료 솔루션, 응용 소프트웨어개발
바디프랜드 (김흥석,지성규)	서울 강남구 양재천로 163	02-3448-8980	4,853억 5천만	의료용 기기
에비드넷 (조인산)	경기 성남시 분당구 판교로 323, 5층	031-605-5331	20억 1,243만	의료 데이터 분석 플랫폼 제공
키아이컴퍼니 (정호정)	대전시 유성구 테크노중앙로 55, 901-이호	1670-2628	50억 1,928만	디지털헬스케어 (구강관리 플랫폼)
에임메드 (임진환)	서울시 강남구 도산대로 221, 3층 (신사동, 동남빌딩)	02-3015-7500	259억 2,168만	의료용 기기, 소프트웨어 개발
(주)올리브헬스케어 (한성호)	서울 송파구 법원로11길 12 (문정동, 한양타워) 4층	02-522-2220	—	의료용 기기
프리시젼바이오 (김한신)	대전 유성구 테크노2로 306	042-867-6300	149억 1,446만	의료용 기기 (면역, 임상화학 진단플랫폼), 심혈관계통카트리지
㈜네오펙트 (반호영)	경기도 성남시 수정구 창업로 42 판교 제2테크노밸리 경기기업성장센터 8층 801호	031-889-8521	25억 1,910만	의료용기기(재활 솔루션)
㈜휴먼스케이프 (장민후)	서울특별시 강남구 봉은사로86길 6 6층	070-4467-0589	12억 9천만	디지털 헬스케어
㈜디맨드 (김광순)	성남시 분당구 판교역로 230 삼환하이펙스 B동 417호	031-698-2940	2억5천	디지털 헬스케어
㈜뉴로핏 (빈준길)	서울 강남구 테헤란로 124 (역삼동, 삼원타워) 12층	02-6954-7971	6억 9,745만	의료 AI 소프트웨어 개발
㈜제이엘케이 (김동민)	서울특별시 강남구 테헤란로 33길 5, 제이엘케이타워	02-6925-6189	34억 1,344만	의료 AI 소프트웨어 개발

회사명 (대표명)	주소	연락처	매출액	주요품목
㈜메디에이지 (이건웅)	경기 성남시 수정구 창업로 42	070-4104-6850	25억 8천만	디지털 헬스케어
KB헬스케어 (최낙천)	서울특별시 강남구 테헤란로 334 4. 5층	02-1544-3677	―	의료용 소프트웨어
위키씨알오 (허찬영)	경기도 성남시 분당구 성남대로 331번길 8. 킨스타워 24층	031-713-8520	59억6천만	디지털 헬스케어
㈜마인드허브 (이해성)	경기도 안양시 동안구 시민대로327번길 11-41 307호	031-360-1150	1억 5,371만	디지털 헬스케어
㈜블루앤트 (김성현,이재욱)	서울 강남구 테헤란로20길 10, 8층	02-3446-4700	5억 1,388만	디지털 헬스케어
이원다이애그노믹스㈜ (이민섭)	인천 연수구 하모니로 291	032-713-2100	632억 8천만	검사키트
(주)셀바스에이아이 (곽민철)	서울특별시 금천구 가산디지털1로 19, 20층	02-852-7788	234억 9천만	의료 AI 소프트웨어 개발, 의료진단기기. 보조공학기기
눔코리아㈜ (김영인)	서울 영등포구 국제금융로2길 37. 704호	02-1644-9312	10억 737만	모바일 헬스케어 솔루션 제작
㈜피어나인 (안광수)	서울 영등포구 양산로 43 12층 1103호	02-780-8003	3억 8,909만	의료용 소프트웨어 개발
㈜헬스맥스 (이상호)	서울시 강남구 영동대로 665 원일빌딩 2층	02-581-8151	50억	디지털 헬스케어
솔젠트㈜ (석도수)	대전 유성구 테크노5로 43-10	1544-5695	662억	분자진단키트
엠트리케어 (박종일)	서울 구로구 디지털로26길	070-4756-8722	61억 4,733만	의료용 기기 (혈관 초음파 진단기기)
메디스태프 (기동훈)	서울 서초구 강남대로 327, 1606호	02-6952-3889	―	디지털 플랫폼 서비스 (의료전문가용 보안 메신저)
디엔이에링크 (이종은)	서울 강서구 마곡중앙8로3길 31	02-3153-1500	130억 7천만	유전체 분석, 개인유전체분석, 바이오뱅크

회사명 (대표명)	주소	연락처	매출액	주요품목
아이엠헬스케어 (이상대)	경기 용인시 기흥구 영덕동 흥덕IT밸리 타워동 2907호	070-4918-2124	43억1천만	헬스케어 제품, 독감 POCT진단키트
조이펀 (정상권)	서울 구로구 디지털로34길 55	02-6213-6031	10억	디지털 헬스케어 (혼합현실 동작 학습 기기, 무인 피트니스 코칭 프로그램)
헬스브리즈 (정희두)	서울 금천구 벚꽃로 254	02-866-5930	10억	의료용 교육자료
(주)우리소프트 (김병일)	대구 달서구 월배로 175, 8층	053-656-8480	21억 8,542만	의료용 소프트웨어(인지재활 소프트웨어)
오픈잇 (김민영)	서울 성동구 아차산로17길 57	1544-5811	37억 5천만	모바일 헬스케어 솔루션 제작
㈜소프트넷 (이상수)	서울특별시 강남구 삼성로 566 (삼성동,빌딩엠) 3층	02-3446-2502	72억 6,609만	소프트웨어, 헬스케어
라이프시맨틱스 (송승재)	서울특별시 강남구 언주로 533	1661-2858	28억 1,892만	디지털헬스 솔루션
빔웍스 (김원화,김재일)	대구 북구 칠곡중앙대로136 길 107 3층	053-322-2107	—	의료 인공지능 진단 솔루션, 인공지능 의료 정보 플랫폼
㈜두브레인 (최예진)	서울 서초구 서초대로78길 52, 4층	02-6925-2535	4억 8,787만	소프트웨어 개발(인지치료소프트웨어)
㈜루플 (김용덕)	서울 서초구 매헌로8길 47, B동 3층 305호	02-590-4200	3억 1,045만	인공지능 헬스케어
제노레이 (박병욱)	경기도 성남시 중원구 둔촌대로 560, 512호	031-5178-5500	798억 1천만	의료용 기기
하이케어넷㈜ (원종윤,김홍진)	서울시 송파구 위례성대로22길 28	02-3400-7128	3억 8,188만	의료용 기기
㈜스몰머신즈 (최준규)	서울 성동구 마조로 47	02-889-8788	24억 5천만	자동 세포 인식 분석 시스템
㈜와이바이오로직스 (박영우,장우익)	대전 유성구 테크노4로 17, B715호	042-867-9971	41억 5,056만	바이오 신약 연구

회사명 (대표명)	주소	연락처	매출액	주요품목
제이피아이 헬스케어㈜ (김진국)	서울 구로구 디지털로33길 28 우림이비지센터1차 6층	02-2108-2580	400억 5,565만	의료용 기기
㈜브레인유	경기도 성남시 분당구 야탑로105번길 7 3층	0507-1330-1788	9억 2,000만	의료용 기기, 헬스케어 기기
엠투에스 (이태휘,김양호)	서울 강남구 테헤란로7길 12 (역삼동) 허바허바빌딩 8층	02-508-0418	25억 6천만	의료용 기기
테크하임㈜ (이원용)	서울 서초구 반포대로24길 21 (서초동, 솔본빌딩) 3,4층	02-2028-0733	93억 7735만	의료영상처리장치, 의료용 소프트웨어 개발
㈜마인즈에이아이 (석정호)	서울 강남구 역삼동 799-6번지 명빌딩 3층	02-6959-7193	2억 7,200만	솔루션 플랫폼 개발
비웨이브(주) (이승환)	경기도 고양시 일산서구 중앙로 1547, 킨텍스존빌딩 401호	031-811-8430	2,357만	뇌질환 진단 서비스
㈜뉴로소나 (서선일)	서울특별시 송파구 법원로11길 11 문정현대지식산업 센터 B동 13층	02-552-7400	1억3,231만	뇌질환 치료기기
㈜룩시드랩스 (채용욱)	대전 유성구 테크노9로 35, 3층 303호	070-5030-6031.	6억 7,054만	의료기기(헤드셋)
㈜서지넥스 (김세준)	서울 서초구 반포대로 222, 옴니버스파크 연구동 2층 2203호	02-592-8555	—	바이오플랫폼 개발, 신약개발
㈜진우바이오 (권동건)	경기 용인시 기흥구 서천로201번길 11 기흥테라타워	070-7740-2024	17억 6,067만	의료기기 제형화 기술개발

회사명 (대표명)	주소	연락처	매출액	주요품목
	지식산업센터 635호, 636호			
㈜펜타메딕스 (최용준,조대연)	경기 성남시 수정구 창업로 42	031-751-2221	2억8백만	면역항암 솔루션
㈜빛날덴탈스튜디어 (박혁준,유지웅)	서울특별시 동대문구 답십리로38길 19 104호	0507-1328-9659	—	AI기반 의료용 소프트웨어
㈜메디벨바이오 (이준환,권보선)	서울 금천구 가산디지털2로 70	02-532-4150	1억 8,760만	의료용 기기
㈜인더텍 (천승호)	대구 동구 혁신대로 96 (율암동, (주)인더텍)	053-291-6557	55억 6천만	의료 헬스케어
㈜화인메디 (이승원)	충남 천안시 서북구 백석공단1로10 미래에이스하이테 크 B동-1011,1012호	070-8185-4502	5억 673만	의료용 기기
이오플로우㈜ (김재진)	경기 성남시 분당구 돌마로 172	031-780-7440	66억 4천만	웨어러블 약불전달 솔루션
㈜닷 (김주윤,성기광)	서울 금천구 가산디지털1로 2, 1005호	02-864-1113	38억 7천만	시각장애인 보조공학기기
스페클립스 (변성현,홍정환)	경기 성남시 분당구 운중로 123(운중동) 501호, 502호	031-698-2269	2억 3,700만	치과용 기기 제조
㈜쓰리빌리언 (금창원)	서울특별시 강남구 테헤란로 416, 12-14층	070-4855-1010	8억 2,846만	AI 진단 서비스
㈜헤링스 (남병호)	서울 강남구 언주로 560, 2층, 14층	02-6949-3516	7억 1,989만	디지털 헬스케어 서비스, 원격 의료 서비스 플랫폼
(주)인세리브로 (조은성)	서울 강남구 테헤란로10길 8 (역삼동) 녹명빌딩 8층	02-568-0646	—	AI신약개발

초판 1쇄 인쇄 2023년 7월 07일
초판 1쇄 발행 2023년 7월 24일

편저 비피기술거래 비피제이기술거래
펴낸곳 비티타임즈
발행자번호 959406
주소 전북 전주시 서신동 780-2　3층
대표전화 063 277 3557
팩스 063 277 3558
이메일 bpj3558@naver.com
ISBN 979-11-6345-457-1 (93570)

이 도서의 국립중앙도서관 출판예정도서목록(CIP)은 서지정보유통지원시스템홈페이지
(http://seoji.nl.go.kr)와국가자료공동목록시스템 (http://www.nl.go.kr/kolisnet)에서 이용하
실 수 있습니다.